U0355199

国防科技图书出版基金

“十三五”国家重点出版物出版规划项目

现代电子战技术丛书

干扰环境下的自适应阵列性能

Performance of Adaptive Arrays in Jamming Environments

常晋聃 甘荣兵 郑坤 著

易正红 审

国防工业出版社

·北京·

图书在版编目(CIP)数据

干扰环境下的自适应阵列性能/常晋聃,甘荣兵,
郑坤著.—北京:国防工业出版社,2022.3
(现代电子战技术丛书)
ISBN 978-7-118-12486-6

Ⅰ.①干… Ⅱ.①常… ②甘… ③郑… Ⅲ.①自适应
阵-性能-研究 Ⅳ.①U666.73

中国版本图书馆 CIP 数据核字(2022)第 039553 号

※

国防工業出版社出版发行
(北京市海淀区紫竹院南路 23 号 邮政编码 100048)
北京龙世杰印刷有限公司印刷
新华书店经售

*

开本 710×1000 1/16 **插页** 6 **印张** 10¼ **字数** 162 千字
2022 年 3 月第 1 版第 1 次印刷 **印数** 1—2000 册 **定价** 99.00 元

国防书店:(010)88540777 书店传真:(010)88540776
发行业务:(010)88540717 发行传真:(010)88540762

致　读　者

本书由中央军委装备发展部**国防科技图书出版基金**资助出版。

为了促进国防科技和武器装备发展，加强社会主义物质文明和精神文明建设，培养优秀科技人才，确保国防科技优秀图书的出版，原国防科工委于1988年初决定每年拨出专款，设立国防科技图书出版基金，成立评审委员会，扶持、审定出版国防科技优秀图书。这是一项具有深远意义的创举。

国防科技图书出版基金资助的对象是：

1. 在国防科学技术领域中，学术水平高，内容有创见，在学科上居领先地位的基础科学理论图书；在工程技术理论方面有突破的应用科学专著。

2. 学术思想新颖，内容具体、实用，对国防科技和武器装备发展具有较大推动作用的专著；密切结合国防现代化和武器装备现代化需要的高新技术内容的专著。

3. 有重要发展前景和有重大开拓使用价值，密切结合国防现代化和武器装备现代化需要的新工艺、新材料内容的专著。

4. 填补目前我国科技领域空白并具有军事应用前景的薄弱学科和边缘学科的科技图书。

国防科技图书出版基金评审委员会在中央军委装备发展部的领导下开展工作，负责掌握出版基金的使用方向，评审受理的图书选题，决定资助的图书选题和资助金额，以及决定中断或取消资助等。经评审给予资助的图书，由中央军委装备发展部国防工业出版社出版发行。

国防科技和武器装备发展已经取得了举世瞩目的成就，国防科技图书承担着记载和弘扬这些成就，积累和传播科技知识的使命。开展好评审工作，使有限的基金发挥出巨大的效能，需要不断摸索、认真总结和及时改进，更需要国防科技和武器装备建设战线广大科技工作者、专家、教授，以及社会各界朋友的热情支持。

让我们携起手来，为祖国昌盛、科技腾飞、出版繁荣而共同奋斗！

国防科技图书出版基金

评审委员会

国防科技图书出版基金
2018 年度评审委员会组成人员

主 任 委 员 吴有生

副主任委员 郝　刚

秘　书　长 郝　刚

副 秘 书 长 许西安　谢晓阳

委　　　员 才鸿年　王清贤　王群书　甘茂治
（按姓氏笔画排序）

甘晓华　邢海鹰　巩水利　刘泽金

孙秀冬　芮筱亭　杨　伟　杨德森

肖志力　吴宏鑫　初军田　张良培

张信威　陆　军　陈良惠　房建成

赵万生　赵凤起　唐志共　陶西平

韩祖南　傅惠民　魏光辉　魏炳波

“现代电子战技术丛书”编委会

编委会主任 杨小牛

院士顾问 张锡祥 凌永顺 吕跃广 刘泽金 刘永坚 王沙飞 陆军

编委会副主任 刘涛 王大鹏 楼才义

编委会委员

（排名不分先后）

许西安 张友益 张春磊 郭劲 季华益 胡以华

高晓滨 赵国庆 黄知涛 安红 甘荣兵 郭福成

高颖 刘松涛 王龙涛 刘振兴

丛书总策划 王晓光

丛书序

新时代的电子战与电子战的新时代

广义上讲，电子战领域也是电子信息领域中的一员或者叫一个分支。然而，这种“广义”而言的貌似其实也没有太多意义。如果说电子战想用一首歌来唱响它的旋律的话，那一定是《我们不一样》。

的确，作为需要靠不断博弈、对抗来“吃饭”的领域，电子战有着太多的特殊之处——其中最为明显、最为突出的一点就是，从博弈的基本逻辑上来讲，电子战的发展节奏永远无法超越作战对象的发展节奏。就如同谍战片里面的跟踪镜头一样，再强大的跟踪人员也只能做到近距离跟踪而不被发现，却永远无法做到跑到跟踪目标的前方去跟踪。

换言之，无论是电子战装备还是其技术的预先布局必须基于具体的作战对象的发展现状或者发展趋势、发展规划。即便如此，考虑到对作战对象现状的把握无法做到完备，而作战对象的发展趋势、发展规划又大多存在诸多变数，因此，基于这些考虑的电子战预先布局通常也存在很大的风险。

总之，尽管世界各国对电子战重要性的认识不断提升——甚至电磁频谱都已经被视作一个独立的作战域，电子战(甚至是更为广义的电磁频谱战)作为一种独立作战样式的前景也非常乐观——但电子战的发展模式似乎并未由于所受重视程度的提升而有任何改变。更为严重的问题是，电子战发展模式的这种“惰性”又直接导致了电子战理论与技术方面发展模式的“滞后性”——新理论、新技术为电子战领域带来实质性影响的时间总是滞后于其他电子信息领域，主动性、自发性、仅适用于本领域的电子战理论与技术创新较之其他电子信息领域也进展缓慢。

凡此种种，不一而足。总的来说，电子战领域有一个确定的过去，有一个相对确定的现在，但没法拥有一个确定的未来。通常我们将电子战领域与其作战对象之间的博弈称作“猫鼠游戏”或者“魔道相长”，乍看这两种说法好像对于博弈双方一视同仁，但殊不知无论“猫鼠”也好，还是“魔道”也好，从逻辑上来讲都是有先后的。作战对象的发展直接能够决定或“引领”电子战的发展方向，而反之则非常困难。也就是说，博弈的起点总是作战对象，博弈的主动权也掌握在作战对象手中，而电子战所能做的就是在作战对象所制定规则的“引领下”一次次轮回，无法跳出。

然而，凡事皆有例外。而具体到电子战领域，足以导致“例外”的原因可归纳为如下两方面。

其一，“新时代的电子战”。

电子信息领域新理论新技术层出不穷、飞速发展的当前，总有一些新理论、新技术能够为电子战跳出“轮回”提供可能性。这其中，颇具潜力的理论与技术很多，但大数据分析与人工智能无疑会位列其中。

大数据分析为电子战领域带来的革命性影响可归纳为**“有望实现电子战领域从精度驱动到数据驱动的变革”**。在采用大数据分析之前，电子战理论与技术都可视作是围绕“测量精度”展开的，从信号的发现、测向、定位、识别一直到干扰引导与干扰等诸多环节，无一例外都是在不断提升“测量精度”的过程中实现综合能力提升的。然而，大数据分析为我们提供了另外一种思路——只要能够获得足够多的数据样本（样本的精度高低并不重要），就可以通过各种分析方法来得到远高于“基于精度的”理论与技术的性能（通常是跨数量级的性能提升）。因此，可以看出，大数据分析不仅仅是提升电子战性能的又一种技术，而是有望改变整个电子战领域性能提升思路的顶层理论。从这一点来看，该技术很有可能为电子战领域跳出上面所述之“轮回”提供一种途径。

人工智能为电子战领域带来的革命性影响可归纳为**“有望实现电子战领域从功能固化到自我提升的变革”**。人工智能用于电子战领域则催生出认知电子战这一新理念，而认知电子战理念的重要性在于，它不仅仅让电子战具备思考、推理、记忆、想象、学习等能力，而且还有望让认知电子战与其他认知化电子信息系统一起，催生出一种新的战法，即，“智能战”。因此，可以看出，人工智能有望改变整个电子战领域的作战模式。从这一点来看，该技术也有可能为电子战领域跳出上面所述之“轮回”提供一种备选途径。

总之，电子信息领域理论与技术发展的新时代也为电子战领域带来无限的可能性。

其二,“电子战的新时代”。

自1905年诞生以来,电子战领域发展到现在已经有100多年历史,这一历史远超雷达、敌我识别、导航等领域的发展历史。在这么长的发展历史中,尽管电子战领域一直未能跳出“猫鼠游戏”的怪圈,但也形成了很多本领域专有的、与具体作战对象关系不那么密切的理论与技术积淀,而这些理论与技术的发展相对成体系、有脉络。近年来,这些理论与技术已经突破或即将突破一些“瓶颈”,有望将电子战领域带入一个新的时代。

这些理论与技术大致可分为两类:一类是符合电子战发展脉络且与电子战发展历史一脉相承的理论与技术,例如,网络化电子战理论与技术(网络中心电子战理论与技术)、软件化电子战理论与技术、无人化电子战理论与技术等;另一类是基础性电子战技术,例如,信号盲源分离理论与技术、电子战能力评估理论与技术、电磁环境仿真与模拟技术、测向与定位技术等。

总之,电子战领域100多年的理论与技术积淀终于在当前厚积薄发,有望将电子战带入一个新的时代。

本套丛书即是在上述背景下组织撰写的,尽管无法一次性完备地覆盖电子战所有理论与技术,但组织撰写这套丛书本身至少可以表明这样一个事实——有一群志同道合之士,已经发愿让电子战领域有一个确定且美好的未来。

一愿生,则万缘相随。

愿心到处,必有所获。

2018年6月

杨小牛,中国工程院院士。

PREFACE

前言

自适应阵列是阵列天线和自适应信号处理技术的结合,可以根据信号环境的变化动态调整阵列的方向图,从而达到抑制干扰、改善信号接收性能的目的。自适应阵列作为重要的空域抗干扰手段,目前已经广泛应用于军事电子系统中,包括雷达、无线通信系统和卫星导航系统接收终端等。

现代战场上,电子干扰和抗干扰的博弈日趋激烈。随着干扰技术的演进,自适应阵列将越来越多地面临各种精心设计的干扰环境,其抗干扰性能在不同的干扰环境下会有不同的表现,甚至会出现完全失效的情况。因此,需要站在干扰的角度,对自适应阵列的抗干扰机理和特征进行深入的研究分析,并详细探究自适应阵列在不同干扰环境下的性能表现。这不仅有助于改进自适应阵列的设计,提升其对干扰环境的适应性,还有助于针对自适应阵列的特点开发出高效的干扰技术。

本书主要基于雷达平台,研究不同干扰环境下的自适应阵列的抗干扰性能。首先对雷达中的两种典型的自适应阵列(旁瓣对消系统和自适应置零阵)的原理、实现方式、权矢量表达式和性能指标进行介绍,分别得出旁瓣对消系统和自适应置零阵的权矢量的典型表达式,确定了各自的性能指标,还引入了一种分析自适应阵列的有力数学工具,即特征分析的方法。

在此基础之上,本书对自适应阵列的基本特点进行了深入分析,具体包括:自适应阵列的自由度受到窄带条件和天线物理尺寸的严格限制;目标信号效应会降低自适应阵列的性能;干扰信号与目标信号相关时,自适应阵列的性能会退化;多个干扰信号之间相关时,不会导致自适应阵列的性能下降;雷达中的自适应阵列多采用块自适应的加权方式；自适应阵列的性能高度依赖于信号的空间相关性。

为了对比不同干扰环境下自适应阵列性能的变化，本书提出了理想干扰环境下自适应阵列的性能，即自适应阵列的抗于扰性能的理论上限，通过将不同干扰环境下自适应阵列性能与此理论上限作比较，可以得出自适应置零阵列抗干扰性能的退化程度。

针对自适应阵列的基本特点，本书对 4 种干扰环境下的自适应阵列的性能进行了分析，具体包括分布式干扰环境、地形散射干扰环境、闪烁干扰环境和去相关千扰环境。书中得出了每种干扰环境下自适应阵列的性能特点，并对每种干扰环境下影响自适应阵列性能的主要因素进行了详细分析，尽可能以公式的形式给出科学定量的分析结果。这些研究结果对提升自适应阵列在复杂干扰环境下的性能有一定的理论参考价值，对针对自适应阵列的电子对抗也有一定的指导意义。

本书的写作由常晋聃牵头完成，对全书的内容进行了规划和安排，主笔撰写了所有章节的内容。甘荣兵研究员对全书的内容进行了指导，并参与撰写了第 2 章、第 3 章。郑坤研究员参与撰写了第 4 章、第 5 章。易正红研究员对全书的内容进行了指导和审定。

本书的写作得到了电子对抗资深专家张锡祥院士、胡来招博士、魏平教授、顾杰研究员、兰竹高级工程师和李鹏程高级工程师的指导，得到了国防工业出版社王晓光编辑、张冬晔编辑和电子信息控制重点实验室刘江副主任的热情帮助，感谢他们对本书写作和出版的支持。

由于作者水平有限，书中难免存在缺点和不足，殷切希望读者指正。

作者

2021 年 10 月

CONTENTS

目录

Contents

第 1 章

绪　论

1.1 引　言

人类社会经过农耕时代和工业时代的发展,进入了信息时代。作为人类历史发展过程中不可或缺的主题之一的战争,也经过冷兵器战争、火器战争和机械化战争的发展,进入了信息化战争的时代。在信息化战争中,无线电电子技术对军事行动的作用越来越重要[1],各种武器装备威力的发挥,战区的监视和警戒,诸兵种协同作战的调配、联系、指挥和控制,都越来越依赖于各种无线电电子系统的效能。无线电电子装备的技术水平已成为决定现代战争胜负的关键因素之一,其中最具有代表性的装备当属雷达、无线通信系统和全球定位系统。

因为无线电电子装备在现代战争中对战争双方都具有举足轻重的作用,而任何无线电电子装备的正常工作都是以接入和使用一定的电磁频谱为前提条件的,这就导致现代战场上争夺制电磁权的斗争——电子战变得越来越激烈。电子战就是旨在控制电磁频谱的军事行动[2],是信息战最基本的组成部分。干扰和抗干扰是电子战的重要内容,也是持续斗争又互相促进的两个方面。干扰技术的发展给抗干扰带来了挑战,但也推动了抗干扰技术的进步;同样地,抗干扰技术的进步也给干扰提出了难题,但同时也促进了干扰技术的发展[3]。

从抗干扰的角度来看,只要能够保证己方的无线电电子装备能够抵御敌方的破坏和扰乱而正常工作,就可以为战争的胜利创造有利的条件。在抗干扰技术的谱系中,自适应阵列是一种极能体现人类智慧和才华的技术,其最大的亮点就是可以"用干扰信号抑制干扰信号"。自适应阵列的典型例子就是旁瓣对消系统和自适应置零阵[4]。旁瓣对消系统在雷达中获得了广泛应用,在无线通信系统中也有部分应用;自适应置零阵在相控阵雷达、无线通信系统和全球定位系统(GPS)中均有广泛应用。工程实践已经表明,这些应用于雷达、无线通信系统和 GPS 中的自适应阵列在简单的干扰环境(如噪声或连续波形式的强有源干扰)下,具有很好的抗干扰效果,从而大大提升了这些装备的抗干扰性能。

但是,自适应阵列的性能是高度依赖于干扰场景的,而且自适应阵列具有一些固有的限制,如自由维度有限、主辅天线或不同阵元间的交叉极化特性不匹配、对通道一致性较敏感等,干扰方很可能利用这些缺陷,设计出特定的干扰环境,采取特定的电子对抗(ECM)措施,使自适应阵列的性能衰退甚至完全失效,还有可能使自适应阵列不但无法抑制干扰,反而会增强干扰。所以,对自适应阵列的抗干扰性能进行深入细致的研究,对自适应阵列的设计与应用有非常重要的意义。

本书将在阐述自适应阵列原理的基础上深入分析自适应阵列的性能特点,从理论上给出自适应阵列的性能上限,并研究自适应阵列在不同的干扰环境下的性能表现,这些干扰环境包括分布式干扰、闪烁干扰、地形散射干扰和去相关干扰等。这些研究既可以为自适应阵列性能的提升提供理论基础,也可以为对抗自适应阵列提供理论启示。

1.2 自适应阵列理论的发展[5]

自适应阵列又称为自适应天线、智能天线、空域自适应滤波器、自适应波束形成等。20 世纪 50 年代末,Van Atta[6] 首次提出了"自适应天线"这个术语。从 20 世纪 60 年代开始,在许多领域出现了对自适应阵列的开创性研究工作。在这些工作的基础上,伴随着大规模集成电路技术和计算机技术的飞速发展,自适应阵列在近 50 年获得了极大的发展和应用,并成为最活跃的研究领域之一。

自适应阵列的发展与自适应滤波理论和算法的发展是密不可分的,在自适应滤波理论和算法的发展历程中有如下几个里程碑式的进展。

1959 年,Widrow 和 Hoff[7] 提出的最小均方(LMS)算法对自适应阵列的发展起到了极大的作用,由于 LMS 算法简单且易于实现,已获得了广泛应用。对 LMS 算法性能及其改进已做了相当多的研究,至今仍然是一个重要的研究课题。

Widrow[8] 在假设 $x(n)$ 和 $w(n)$ 统计独立的前提下证明了 LMS 算法平均权的收敛性,但这个假设在很多时候并不成立,有不少文献已经对此进行了研究。进一步的研究工作涉及这种算法在非平稳、相关输入时的性能研究。

1996 年,Hassibi[9] 等证明 LMS 算法在 H^{∞} 准则下为最优,从而在理论上证明了 LMS 算法具有稳健性,这是 LMS 算法研究的一个重要进展。

当输入相关矩阵的特征值分散时,LMS 算法的收敛性变差,为了改善 LMS 算法的收敛性,文献中已提出包括变步长算法在内的很多改进算法。在这些算法中,由 Nagumo[10-11] 等提出的归一化 LMS 算法得到了较广泛的应用。

第二类重要算法是最小二乘(LS)算法,但是直接应用LS算法时运算量很大,因而,在自适应滤波中应用有限。递推最小二乘(RLS)算法通过递推方式寻求最优解,复杂度比直接LS算法小,获得了广泛应用。许多学者推导了RLS算法,其中包括1950年Placket的工作。1994年,Sayed和Kailath[12]建立了Kalman滤波和RLS算法的对应关系。这不但使人们对RLS算法有了进一步的理解,而且Kalman滤波的大量研究成果可应用于自适应滤波处理,对自适应滤波技术起到了重要的推动作用。

1983年,McWhirter[13]提出了一种可用Kung[14]的Systolic处理结构实现的RLS算法。这一方法由Ward[15]和McWhirter[16]进一步发展为用于空域自适应滤波的QR分解LS算法,该算法不是针对输入数据的相关矩阵进行递推,而是直接针对输入数据矩阵进行递推,有很好的数据稳定性,而且可用Systolic处理结构高效实现,因而在空域处理中获得了广泛应用。

采样矩阵求逆(SMI)算法是另一种重要的自适应算法,SMI算法又称为直接矩阵求逆(DMI)算法。1974年,Reed[17]等首先系统地讨论了SMI算法。SMI算法可以实现很高的处理速度,因而在雷达等系统中获得了广泛应用。K. Teitlebaum[18]等在其关于林肯实验室RST雷达的文中论述了基于直接对数据矩阵进行处理的SMI算法。该算法也采用了Systolic处理结构进行处理。

1.3 自适应阵列的应用[5]

Howells[19]在20世纪50年代关于中频自适应旁瓣对消器的研究是自适应阵列的开创性工作之一。这种对消器能够自动将波束零点对准干扰方向。1966年,Applebaum[20]根据最大信噪比准则,导出了自适应阵列算法,并把旁瓣对消作为该算法的特殊情况。Howells和Applebaum的工作到1976年才公开发表。

1967年,Widrow[21]等以LMS算法为基础对自适应阵列的研究工作是自适应阵列发展的重要里程碑。文献[21]是第一篇公开发表的研究自适应阵列的文章,并成为该领域的经典文章。Widrow的工作对自适应阵列的研究产生了巨大的推动。此后,大批学者对自适应阵列进行了研究,并使此技术获得了迅速发展。1970年至1980年,IEEE Transactions的AP分卷多次出版有关自适应阵列的专辑,并出版了一系列专著。1980年以来,由于超大规模集成(VLSI)电路、微波单片集成电路(MMIC)、数字信号处理器(DSP)技术的快速发展,许多复杂的算法都可用数字信号处理机高速实现。人们在进行理论和算法讨论的同时,开始研制实际系统,并在雷达、通信和GPS领域获得了日益广泛的应用。

1.3.1 在雷达中的应用

20 世纪 80 年代中期以来，各国竞相开始研制具有自适应阵列的雷达系统，下面是一些具有代表性的试验系统。

1977 年，英国防御评估与研究局、德国西门子公司和英国普莱赛公司开始研制多功能电子扫描自适应雷达（MESAR），其天线是由 918 个阵元组成的面阵，采用子阵实现数字波束形成。第一代试验样机进行了外场试验，第二代试验样机于 1999 年完成建造。该系统工作于 E/F 波段，采用 16 个子阵进行自适应处理[22]。在外场试验中，系统对高占空比干扰在干扰方向形成了波束零点，对 3 台干扰机形成的自适应零点深度达到了 -40dB。

1991 年，Teitlebaum[18] 的文章报道了美国林肯实验室的 RST - DBF 系统。RST 工作在超高频（UHF）频段，采用旋转面阵，方位上为固定的低旁瓣波束，俯仰上为自适应波束，由 14 行阵元组成。

1997 年，Larvor[23] 等的文章报道了法国汤姆逊公司的 SAFRAN 雷达。SAFRAN 工作于 C 波段，两个天线，一个用于发射，另一个用于接收，接收处理 16 路。

2000 年 Szu[24] 等的文章和 2002 年 Cantrell[25] 等的文章报道了于 2000 年开始研制的采用数字波束形成技术的数字阵列雷达（DAR），DAR 针对 21 世纪美国海军作战要求设计，由美国林肯实验室、海军研究实验室和海军作战中心共同研制。DAR 第一代样机选用 L 波段，天线采用 224 个阵元的方形面阵，其中 96 个阵元为有源阵元。DAR 大范围采用了商用无线、光纤、FPGA 和 VME 处理技术，以降低系统造价。

除了这些试验系统，各国军队在实际部署的雷达装备中也广泛采用了自适应阵列抗干扰，典型的雷达型号如美国的“爱国者”防空反导系统中的 AN/MPQ - 53 多功能相控阵雷达和“宙斯盾”军舰上的 AN/SPY - 1 多功能相控阵雷达。

美国雷声公司研制的 AN/MPQ - 53 多功能相控阵雷达的主天线阵有 5161 个阵元；位于主阵左下方的导弹跟踪天线阵有 2513 个阵元；敌我识别器天线阵有 20 个阵元；还有 5 个电子反干扰小天线阵位于主天线的下方，作为辅助阵通道实现来干扰抑制，每个小天线阵均由 51 个阵元组成。该雷达由交战与火力控制站通过数字式武器控制计算机自动控制，能同时处理 90 ~ 125 个目标，最多支持 9 枚“爱国者”导弹拦截目标。在没有预警卫星提供支持的情况下，该雷达捕获来袭导弹的距离为 50 ~ 80km，有预警卫星支持时，捕获来袭导弹的距离可达到 100km（图 1.1）。

图1.1 AN/MPQ－53多功能相控阵雷达(见彩图)

由美国洛克希德·马丁公司于2003年研制成功的AN－SPY－1多功能相控阵雷达是“宙斯盾”军舰的主要探测系统，主要由相控阵天线、信号处理机、发射机、接收机和雷达控制及辅助设备组成，具备全空域快速搜索、自动目标探测和多目标跟踪功能。该雷达工作在S波段(3100～3500MHz)，波束宽度为1.7°×1.7°，峰值功率为5MW，对空搜索最大作用距离约为450km，同时跟踪目标数大于200批，迎战目标数为16～18个。该雷达具有6个辅助阵通道用于干扰抑制(图1.2)。

图1.2 美国海军“宙斯盾”军舰上的AN/SPY－1多功能相控阵雷达(见彩图)

至今，自适应阵列抗干扰手段已经在军用雷达中实现了普及。

1.3.2 在无线通信中的应用

自适应阵列在通信中称为智能天线，智能天线与扩频技术是无线通信中的两项最重要的抗干扰技术。为了提高扩频通信系统的抗干扰能力和其他战术性能，一般都会采用自适应阵列抗干扰技术。

扩频通信系统的侦察、干扰和抗干扰已成为通信电子战的研究热点，各国均在大力发展针对扩频通信系统的干扰技术。由于扩频技术的机理在于采用相对较宽的频带，因而也为干扰提供了更多的机会，使得无线扩频通信系统可能受到单个窄带干扰、多个窄带干扰和宽带干扰等各种干扰的攻击。因此，必须采用其他的抗干扰技术保障扩频通信系统的正常工作，而智能天线是一个有效的技术手段。

扩频系统的抗干扰能力由扩频处理增益决定，而处理增益是通过增加带宽实现的，但当带宽增加到一定限度时，要进一步提高处理增益所需的代价是很大的，有时甚至是不可实现的。智能天线能以较低的代价有效提高扩频通信系统的抗干扰能力。

综上所述，扩频通信系统可以使用智能天线技术显著提升抗干扰能力。

20 世纪 80 年代，美国已经研制出用于跳频通信系统的五元自适应置零阵，其军事星（Milstar）和第三代国防卫星通信系统（DSCS－Ⅲ）就使用了自适应置零阵。卫星通信系统采取自适应阵列与跳频技术相互结合，能够在弥补各自技术缺点的同时，发挥各自的技术优点，产生最理想的抗干扰效果。自适应置零阵与跳频技术相结合作为一种卫星通信综合抗干扰技术，得到了越来越广泛的应用。

1985 年，国际电信联盟（ITU）提出的第三代移动通信（3G）系统将智能天线技术纳入基站标准，用以实现自适应波束扫描和干扰信号抑制，从而有力地推进了智能天线技术的研究和应用。

欧洲通信委员会在 RAKE 计划中实施了智能天线技术研究。这一研究计划称为 TSUNAMI，由德国、英国、丹麦和西班牙合作完成，1996 年，在 Bristol 市区进行了空分多址（SDMA）实验。实验采用的基站为高 30m、间距为 $\lambda/2$ 的线阵。实验结果表明，对于两个固定用户的情况，当比特误码率为 10^{-3} 时，自适应天线阵相对于单天线的功率改善大于 10dB，对两个步行用户也成功实现了跟踪，并且比特误码率优于 10^{-3}。

日本三菱电气、ATR 光电通信研究所研制了卫星通信地面移动数字波束形成（DBF）天线实验系统。该系统工作于 L 波段，载频为 1.542GHz。DBF 天线是由 4×4 的阵元组成的 16 阵元方阵。阵元间距为波长的 1/2。单元天线增益为 6dBi，阵列天线增益 18dBi。各阵元的基带信号通过快速傅里叶处理，分别采用恒模算法或最大合并分集算法进行波束赋形。

Ericsson－Mannesman 公司的 GSM/DCS BS 智能天线系统用于 GSM/DCS1800 体制。基站天线由 8 单元的双极化天线组成，是在对目标定向的基础上实现自适应波束形成的。上行链路确定目标信号的波达方向（DOA），下行链路采用自适应波束切换技术。在外场实验中，对上行和下行的载噪比（CNR）改善为 4～5dB，系统容量能够提高 1 倍。

英国的 Roke Manor 公司建立了一个实验系统，系统的收发阵列分别由 13 个单元天线组成。该系统是一个完全的数字波束形成系统，每一个天线单元都采用

SP2002 芯片作为波形发生器，能够在 400MHz 的频率上产生射频波形。

英国 ERA 技术实验室承担的智能通信天线研究项目（SCARP）制作了一个 8 阵元偶极子天线阵，用于检测衰落信道中使用参考信号进行最优分集联合时权值的更新情况。该系统工作于 1.89GHz，使用归一化 LS 算法。实验表明，最优联合算法可以在不降低信号质量的情况下跟踪时变信道，8 单元天线阵的分集联合信号的信噪比相对单天线接收可提高 5dB，最优联合信噪比相对单天线接收可提高 10dB。

自适应阵列在通信抗干扰中最经典的应用莫过于美国海军 EA－18G“咆哮者”电子战飞机上的干扰对消系统（INCANS）。该系统采用主动干扰对消技术使 EA－18G 在实施大功率干扰时仍能保持 UHF 语音通话的畅通。

1.3.3 在 GPS 中的应用

GPS 是美国国防部在 20 世纪 70 年代研制的新型卫星导航系统，具备全域（陆地、海洋、空中和太空）、全球、全天候的导航定位与授时功能，能够为各类用户提供精确的三维坐标、速度和时间信息。

GPS 技术在军事领域得到了全方位的应用（图 1.3），它从根本上解决了空中、陆地和海上运行的各种平台的定位与导航问题。目前，大量 GPS 用户设备已应用于舰艇、战车、飞机的导航，战术导弹、战略导弹的试验、测控与制导，卫星测控等军事领域。由此可见，先进的导航定位技术已成为赢得未来高科技“数字化战争”的重要保障。

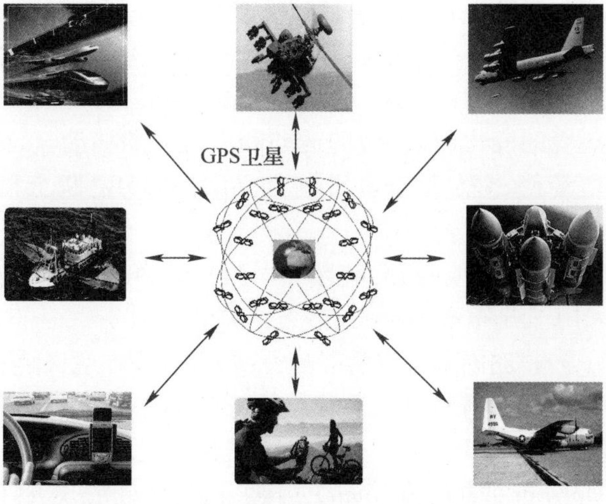

图 1.3 GPS 的应用范围示意图（见彩图）

GPS 的最大弱点在于它的接收系统容易受到干扰，俄罗斯从 20 世纪 80 年代就开展了 GPS 干扰技术的研究，已成功研制了数代压制式和欺骗式 GPS 干扰机。这些干扰机已在相关防务展上多次公开展出，还在科索沃、伊拉克和叙利亚战场上得到实战运用。在 1999 年的巴黎航展上，俄罗斯莫斯科 Aviaconversiya 公司展出的一套 GPS 干扰设备的体积为 120mm × 190mm × 70mm，质量只有 3kg，能在两个 GPS 频段和两个 GLONASS 频段提供 8W 的干扰功率，价格为 4 万美元。该公司提供的宣传资料重点描述了这型干扰机的各种应用场景，其中包括有效阻止"战斧"巡航导弹的定位。该公司声称，如果采用高增益天线，该系统可以有效干扰几百千米外的敌方 GPS 接收机。

鉴于以上原因，美国军方对 GPS 抗干扰技术的研究非常重视。其中一项很重要的抗干扰技术就是采用自适应置零天线。目前，美国军方已经将 GPS 自适应置零天线用于机载、舰载、地面和导弹等各种武器平台。

目前，美军所有战略和战术导弹（包括"战斧"、联合防区外武器（JSOW）、"标准"系列导弹和 EGBU－15 等）、绝大多数飞机和军舰上装备的 P 码 GPS 接收机都已经配备了具有抗干扰能力的自适应置零天线。例如，美国新型常规"战斧"式巡航导弹和美军的第三代国防卫星通信系统都采用了自适应置零天线；R&D 公司研制的自适应置零天线已经装备在小型智能炸弹上；F－16 战斗机也于 2002 年装备了抗干扰 GPS 接收机，该接收机采用了 MITRE 公司设计的四元微带自适应置零天线。

美国国防部委托洛克希德·马丁公司和罗克韦尔—科林斯公司研制的 GPS 抗干扰接收机（G－STAR）主要使用自适应横向滤波与常规控制的接收机天线置零技术实现抗干扰。G－STAR 的特点是：在抑制干扰信号的同时，能融合各天线接收到的信号，形成指向 GPS 卫星的波束；通过数字信号处理，能滤除干扰信号；可以适应环境的变化（如平台的运动和干扰源的移动）。G－STAR 接收机首先装备在洛克希德·马丁公司研制的 AGM－158"联合防区外空对地导弹"上。

美国新一代 Block IV"战斧"巡航导弹采用了雷声公司研制的抗干扰 GPS 接收机，该接收机采用了五阵元的自适应置零天线。

海湾战争后，全球定位系统/惯性导航系统（GPS/INS）组合导航方式就已经在制导炸弹、制导炮弹、导弹等精确制导武器系统中广泛应用，如美国的 AGM2154A/B/C 型 JSOW、GBU229/30JDAM（联合直接攻击弹药）。在 JDAM 上安装的自适应置零天线采用的是分布在直径为 15cm 的半球上的四元阵，其中 1 个阵元在顶上，其余 3 个阵元在半球上（图 1.4）。

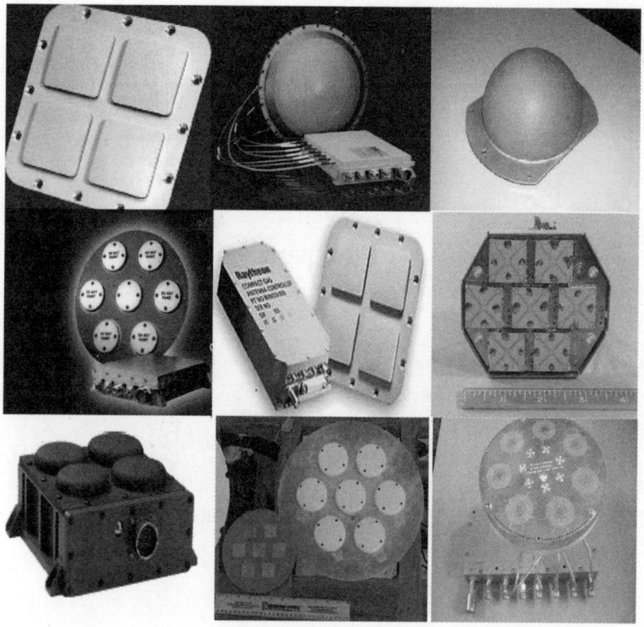

图1.4 多型GPS自适应置零天线(见彩图)

雷声公司研制的GAS－1 GPS天线系统是一种模拟系统,通过在干扰方向形成空间零陷实现干扰抑制。GAS－1阵面直径为14.2英寸,由7个单元天线和后端的模拟处理器组成,能辨别出电子干扰的来源,并通过调整接收GPS卫星信号的方式抵消干扰。该产品于1996年开始生产,首批产品于1998年交付美国空军。2002年初,洛克希德·马丁公司选择雷声公司为其提供多套GAS－1抗干扰GPS接收机天线装置,安装在F－16、C－130J、B－52、E－3、B－1B和C－17等多种飞机上。目前,GAS－1已经被美国、英国和其他11个国家的空军选用,在世界范围内获得了广泛使用。2002年10月28日,雷声公司又获得合同继续研制数字抗干扰装置。该装置将与标准的飞机抗干扰天线系统兼容,通过改进结构、零点控制、有限波束形成与先进信号处理技术,提供比现有模拟系统更好的抗干扰性能。雷声公司和AIL公司合作研制了四元GAS－1N天线系统,其中AIL公司负责阵面设计,雷声负责处理模块设计。GAS－1N的设计方法与GAS－1相似,但阵元间距缩减为0.38倍波长,阵面直径只有5.25英寸,比GAS－1的尺寸小得多。新的系统称为“先进数字天线产品”(ADAP),可以为用户提供更先进的抗干扰能力,已经安装在F/A－18C战斗机上。

自适应置零阵在导弹上要比小型炸弹或炮弹上容易实现,因为在小型炸弹上仅有很小的空间用于安装多元天线,并且炸弹发射时天线需要承受15000～

20000G 的冲击力,这对天线的结构强度提出了很高的要求。IEC 公司研究了如何将天线辅助制导安装在炮弹上,如美国陆军的 155mm 大炮的“神剑”计划和为海军研制的 5 英寸舰炮的“增程制导弹药”(ERGM)计划。

自适应置零阵能应付复杂的军事电磁环境,为高价值武器提供可以选择的抗干扰技术,因而获得了广泛的应用,成为美军提高 GPS 接收机抗干扰能力的重要方式。

1.4 本书的主要内容

本书主要基于雷达平台研究自适应阵列的性能。雷达中的自适应阵列主要分为旁瓣对消系统和自适应置零阵两类。本书内容共分 5 章,各章内容概括如下。

第 1 章简单要介绍了自适应阵列理论的发展历程以及自适应阵列在雷达、无线通信和 GPS 中的应用情况。

第 2 章讨论自适应阵列的原理,先介绍了阵列处理模型和自适应处理所用的最优准则,并对最优准则进行了分类,然后分别对旁瓣对消系统和自适应置零阵的原理、结构和实现方式进行了介绍,得出了两类自适应阵列的典型权矢量表达式。在此基础上,对自适应阵列的算法进行了简单讨论,并选择 SMI 算法作为本书中仿真分析所用的算法。

第 3 章分析了自适应阵列的一些基本特点,包括:自适应阵列的自由度受到窄带条件和天线的物理尺寸的严格限制;目标信号效应会降低自适应阵列的性能;干扰信号与目标信号相关时,自适应阵列的性能会退化;多个干扰信号之间相关时,不会导致自适应阵列的性能下降;采样自适应加权方式会对雷达信号的相参积累带来不利影响;自适应阵列的性能高度依赖于信号的空间相关性等。

第 4 章对自适应阵列抗干扰性能的理论上限进行了推导和分析,分别给出了旁瓣对消系统和自适应置零阵的理论上限的数学表达式。

第 5 章分析了多种类型的干扰环境下自适应阵列的抗干扰性能,具体的干扰环境包括分布式干扰环境、地形散射干扰环境、闪烁干扰环境、去相关干扰环境等。理论分析和仿真计算表明,在这几种干扰环境下,自适应阵列的性能均表现出不同程度的衰退。

第 2 章

自适应阵列原理

2.1 引　言

要分析自适应阵列的性能,必须对自适应阵列的基本原理有基本的了解。本章首先简述阵列接收信号模型,然后分别给出最小均方误差准则、最大信噪比准则、线性约束最小均方准则、最大似然准则和最小二乘准则下自适应阵列最优权矢量的表达式,并依据表达式的形式,将这 5 个最优准则分为两大类。在此基础上,分别介绍旁瓣对消系统和自适应置零阵的组成、原理、实现方式、性能指标以及权矢量的典型表达式。最后简单介绍自适应阵列的算法,并引入特征分析的数学方法,揭示自适应阵列抑制干扰的内在数学机理。

2.2 阵列接收信号模型[5]

2.2.1 阵列输入矢量

阵列的排列方式可以是一维线阵,也可以是二维的面阵,此处我们为了方便讨论问题,采用图 2.1 所示的一维均匀线阵(ULA),阵元数设为 M。后面将会看到一维均匀线阵对信号的导向矢量是范德蒙德(Vandermonder)矢量,这个良好的性质会给信号处理和算法的推导带来许多便利。因为在一维均匀线阵条件下,时间和空间是完全对偶的,因而,许多时域的自适应处理的算法可以直接移植到空域。

设窄带平面波以角度 θ 入射到阵列上,选取阵元 1 为参考阵元,设参考阵元上收到的信号为

$$x_1(t) = s(t)\mathrm{e}^{\mathrm{j}\omega t}$$

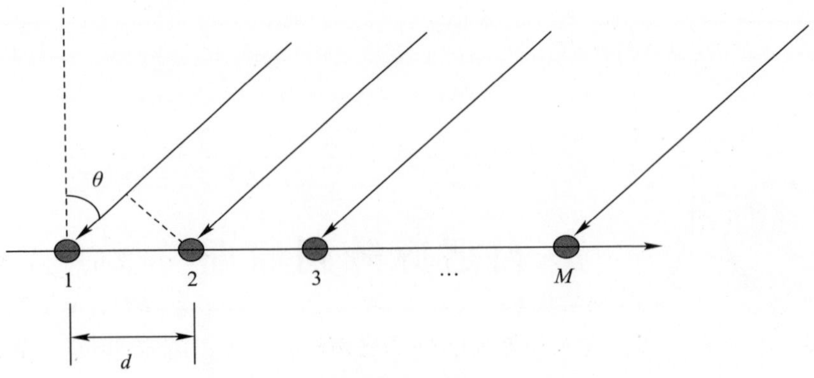

图 2.1　平面波束入射到均匀线阵上

式中：$s(t)$ 为信号的复振幅；ω 是信号的角频率。

平面波到达其他阵元相对于参考阵元存在延迟或超前，设第 m 个阵元上的延迟量为 τ_m，则阵元 m 上收到的信号为

$$x_m(t) = s(t-\tau_m)\mathrm{e}^{\mathrm{j}\omega(t-\tau_m)} \tag{2.1}$$

由于窄带信号的包络变化很缓慢，并且 τ_m 很小，则

$$s(t-\tau_m) \approx s(t) \tag{2.2}$$

所以式(2.1)可以写为

$$x_m(t) = s(t)\mathrm{e}^{\mathrm{j}\omega t}\mathrm{e}^{-\mathrm{j}\omega\tau_m} \tag{2.3}$$

只考虑复基带信号并离散化后，可得

$$x_m(n) = s(n)\mathrm{e}^{-\mathrm{j}\omega\tau_m} \tag{2.4}$$

M 个阵元收到的信号构成了阵列的输入矢量为

$$\boldsymbol{x}(n) = \begin{bmatrix} x_1(n) \\ \vdots \\ x_M(n) \end{bmatrix} = s(n)\begin{bmatrix} \mathrm{e}^{-\mathrm{j}\omega\tau_1} \\ \vdots \\ \mathrm{e}^{-\mathrm{j}\omega\tau_M} \end{bmatrix} = s(n)\boldsymbol{a}(\theta) \tag{2.5}$$

式中：$\boldsymbol{a}(\theta) = [\mathrm{e}^{-\mathrm{j}\omega\tau_1},\cdots,\mathrm{e}^{-\mathrm{j}\omega\tau_M}]^{\mathrm{T}}$ 为阵列对信号的导向矢量，对于阵元间距为 d 的 M 元均匀线阵为

$$\boldsymbol{a}(\theta) = \left[1,\mathrm{e}^{-\mathrm{j}\frac{2\pi d\sin\theta}{\lambda}},\cdots,\mathrm{e}^{-\mathrm{j}\frac{2\pi(M-1)d\sin\theta}{\lambda}}\right]^{\mathrm{T}} \tag{2.6}$$

当空间有 N 个平面波分别以角度 $\theta_i(i = 1,2,\cdots,N)$ 入射到阵列上时，阵列的输入矢量为

$$
\begin{aligned}
\boldsymbol{x}(n) &= \sum_{i=1}^{N} s_i(n)\boldsymbol{a}(\theta_i) \\
&= [\boldsymbol{a}(\theta_1),\cdots,\boldsymbol{a}(\theta_N)]\begin{bmatrix} s_1(n) \\ \vdots \\ s_N(n) \end{bmatrix} = \boldsymbol{A}\boldsymbol{s}(n)
\end{aligned}
\tag{2.7}
$$

式中：$\boldsymbol{A} = [\boldsymbol{a}(\theta_1),\cdots,\boldsymbol{a}(\theta_N)]$ 为阵列的流形矩阵，是一个 $M \times N$ 维的矩阵；$\boldsymbol{s}(n) = [s_1(n),\cdots,s_N(n)]^{\mathrm{T}}$ 为信号矢量。

实际中还需要考虑输入到阵列的外部噪声和阵元通道的内部噪声，则

$$\boldsymbol{x}(n) = \boldsymbol{A}\boldsymbol{s}(n) + \boldsymbol{n}(n) \tag{2.8}$$

式中：$\boldsymbol{n}(n) = [n_1(n),\cdots,n_M(n)]^{\mathrm{T}}$ 为各阵元通道的噪声组成的矢量。

考虑到入射到阵列上的信号既有目标信号也有干扰信号，阵列的输入矢量又可以写为

$$\boldsymbol{x}(n) = \boldsymbol{A}\boldsymbol{s}(n) + \boldsymbol{A}\boldsymbol{j}(n) + \boldsymbol{n}(n) \tag{2.9}$$

式中：$\boldsymbol{s}(n)$ 为目标信号矢量；$\boldsymbol{j}(n)$ 为干扰信号矢量。

为了讨论问题方便，将 $\boldsymbol{A}\boldsymbol{s}(n)$ 简记为 $\boldsymbol{s}(n)$，表示目标信号的输入矢量，将 $\boldsymbol{A}\boldsymbol{j}(n)$ 简记为 $\boldsymbol{j}(n)$，表示干扰信号的输入矢量，则阵列输入矢量可进一步简写为

$$\boldsymbol{x}(n) = \boldsymbol{s}(n) + \boldsymbol{j}(n) + \boldsymbol{n}(n) \tag{2.10}$$

2.2.2　输入矢量的自相关矩阵

阵列输入矢量的统计量可以描述阵列所处的信号环境。迄今为止，绝大多数自适应处理都是基于输入矢量的二阶统计特性的。最重要的二阶统计特性就是输入矢量的自相关矩阵，射频信号的均值一般为零，所以自相关矩阵也就是协方差矩阵。

阵列输入矢量 $\boldsymbol{x}(n)$ 的自相关矩阵定义为

$$\boldsymbol{R}_{xx}(n) = E\{\boldsymbol{x}(n)\boldsymbol{x}^{\mathrm{H}}(n)\} \tag{2.11}$$

输入矢量中的目标信号、干扰信号和通道噪声一般是相互独立的，由式(2.10)可得

$$\boldsymbol{R}_{xx} = \boldsymbol{R}_{ss} + \boldsymbol{R}_{jj} + \boldsymbol{R}_{nn} \tag{2.12}$$

式中

$$\boldsymbol{R}_{ss} = E\{\boldsymbol{s}(n)\boldsymbol{s}^{\mathrm{H}}(n)\} \tag{2.13}$$

$$\boldsymbol{R}_{jj} = E\{\boldsymbol{j}(n)\boldsymbol{j}^{\mathrm{H}}(n)\} \tag{2.14}$$

$$\boldsymbol{R}_{nn} = E\{\boldsymbol{n}(n)\boldsymbol{n}^{\mathrm{H}}(n)\} \tag{2.15}$$

输入矢量的自相关矩阵 $\boldsymbol{R}_{xx}$ 具有以下两条重要性质。

(1) 埃尔米特性：$\boldsymbol{R}_{xx} = \boldsymbol{R}_{xx}^{\mathrm{H}}$ 。

(2) 非负定性：对任何非零矢量 $\boldsymbol{v}$ 均有 $\boldsymbol{v}^{\mathrm{H}}\boldsymbol{R}_{xx}\boldsymbol{v} \geqslant 0$ 。

2.2.3 信号带宽

2.2.1 节对阵列接收信号模型的讨论中，为保证自适应阵列各点收到的信号的幅度差别很小，假设信号是窄带的。空域信号处理中，窄带概念与时频域信号处理中的窄带概念是有区别的。在时频域中，信号为窄带的条件为

$$B/f_0 << 1 \tag{2.16}$$

式中：B 为信号带宽；f_0 为信号的中心频率。

在空域中，信号的窄带条件为

$$B/f_0 << \lambda/\Delta \tag{2.17}$$

式中：λ 为信号的波长；Δ 为阵列在信号传播方向上的尺寸。

例如，对于一个工作于9GHz 的自适应置零阵，取阵元间距为 $\lambda/2$ ，阵列在信号传播方向上的最大尺寸为 3λ ，而为了满足窄带条件，信号的带宽应当满足 $B \leqslant$ 300MHz 。

2.2.4 阵列的方向图

阵列的方向图即阵列的空间滤波响应，定义为当阵列输入为平面波时，阵列输出（通常只考虑输出幅度或功率）与平面波入射角的关系。一维线阵在阵列基线上的幅度方向图为

$$G(\theta) = |\boldsymbol{w}^{\mathrm{H}}\boldsymbol{a}(\theta)| \tag{2.18}$$

功率方向图为

$$G(\theta) = |\boldsymbol{w}^{\mathrm{H}}\boldsymbol{a}(\theta)|^2 \tag{2.19}$$

由式(2.18)和式(2.19)可见，不论是幅度方向图还是功率方向图，都完全取决于阵列的权矢量。分贝形式的方向图用的更为普遍，幅度方向图和功率方向图的分贝形式分别为

$$G(\theta) = 10\lg(|\boldsymbol{w}^{\mathrm{H}}\boldsymbol{a}(\theta)|) \tag{2.20}$$

$$G(\theta) = 20\lg(|\boldsymbol{w}^{\mathrm{H}}\boldsymbol{a}(\theta)|) \tag{2.21}$$

2.3 最优准则[5]

自适应阵列是通过最优滤波实现干扰抑制功能的。最优滤波在数学上就是在一定的约束条件下求解滤波器性能函数的极值问题，性能函数的极值和约束条件一起构成了最优准则。自适应阵列的实现结构和算法在很大程度上取决于所选取的最优准则，自适应滤波中常用的最优准则有最小均方误差（MMSE）准则、最大信噪比（MaxSNR）准则、线性约束最小方差（LCMV）准则、最大似然（ML）准则、最小二乘（LS）准则等。

2.3.1 最小均方误差准则

最小均方误差准则是应用最广泛的一类最优准则，该准则定义的“最优”是指滤波器输出信号与期望信号之差的均方值最小。1949 年，维纳（Wiener）首先依据这一准则推导出了最优线性滤波器，奠定了最优滤波器的基础。故把依据 MMSE 准则建立的最优线性滤波器称为维纳滤波器。

对图 2.2 所示的阵列，要求根据输入阵列的输入矢量 $\boldsymbol{x}(n) = [x_1(n), x_2(n), \cdots, x_M(n)]^{\mathrm{T}}$ 对期望信号 $d(n)$ 进行估计，维纳假设期望信号是输入矢量各分量的线性组合，即对期望信号的估计值为

$$\hat{d}(n) = y(n) = \boldsymbol{w}^{\mathrm{H}}\boldsymbol{x}(n) \tag{2.22}$$

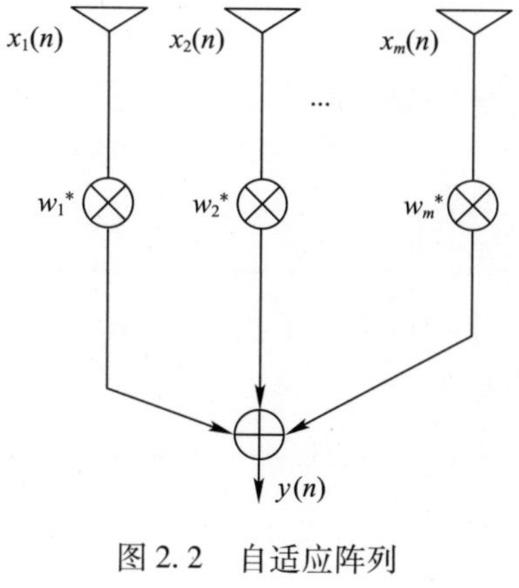

图 2.2　自适应阵列

则估计误差为

$$e(n) = d(n) - \hat{d}(n) = d(n) - \boldsymbol{w}^{\mathrm{H}}\boldsymbol{x}(n) \tag{2.23}$$

最小均方误差准则下的性能函数为

$$\xi = E\{|e(n)|^2\} \tag{2.24}$$

则最优处理问题归结为如下无约束的最优问题,即

$$\min_{w} \xi = E\{|e(n)|^2\} \tag{2.25}$$

为了求得使 ξ 取最小值的最优权矢量 $\boldsymbol{w}_{\text{opt}}$,令 ξ 对 $\boldsymbol{w}$ 的梯度为零,即

$$\nabla_{w}\xi = 0 \tag{2.26}$$

最终可推出 $\boldsymbol{w}_{\text{opt}}$ 应满足的方程为

$$\boldsymbol{R}_{xx}\boldsymbol{w}_{\text{opt}} = \boldsymbol{r}_{xd} \tag{2.27}$$

式中:$\boldsymbol{R}_{xx}(n) = E\{\boldsymbol{x}(n)\boldsymbol{x}^{\text{H}}(n)\}$ 为输入矢量 $\boldsymbol{x}(n)$ 的自相关矩阵;$\boldsymbol{r}_{xd} = E\{\boldsymbol{x}(n)d^*(n)\}$ 为输入矢量 $\boldsymbol{x}(n)$ 与期望信号 $d(n)$ 的互相关矢量。

式(2.27)就是著名的维纳-霍夫方程,对于自适应滤波具有非常重要的意义。

当 $\boldsymbol{R}_{xx}$ 满秩时,必然存在逆矩阵,可求得最优权矢量为

$$\boldsymbol{w}_{\text{opt}} = \boldsymbol{R}_{xx}^{-1}\boldsymbol{r}_{xd} \tag{2.28}$$

当权矢量取最优权矢量 $\boldsymbol{w}_{\text{opt}}$ 时,可得

$$E\{x_i(n)e^*(n)\} = 0 \quad (i = 1,2,\cdots,M) \tag{2.29}$$

即 $e(n)$ 和 $\boldsymbol{x}(n)$ 的各分量正交,这就是著名的正交原理。正交原理指出,最小均方误差滤波器的最优估计误差 $e(n)$ 和输入矢量 $\boldsymbol{x}(n)$ 正交。由正交原理也可以推出维纳-霍夫方程。

2.3.2 最大信噪比准则

对于图 2.2 所示的滤波器,输入矢量可以表示为

$$\boldsymbol{x}(n) = \boldsymbol{s}(n) + \boldsymbol{j}(n) + \boldsymbol{n}(n) \tag{2.30}$$

式中:$\boldsymbol{s}(n)$ 为目标信号矢量;$\boldsymbol{j}(n)$ 为干扰矢量;$\boldsymbol{n}(n)$ 为噪声矢量。

滤波器的输出可以表示为

$$y(n) = \boldsymbol{w}^{\text{H}}\boldsymbol{x}(n) = \boldsymbol{w}^{\text{H}}\boldsymbol{s}(n) + \boldsymbol{w}^{\text{H}}\boldsymbol{j}(n) + \boldsymbol{w}^{\text{H}}\boldsymbol{n}(n) = y_s(n) + y_j(n) + y_n(n) \tag{2.31}$$

式中

$$y_s(n) = \boldsymbol{w}^{\text{H}}\boldsymbol{s}(n) \tag{2.32}$$

$$y_j(n) = \boldsymbol{w}^{\text{H}}\boldsymbol{j}(n) \tag{2.33}$$

$$y_n(n) = \boldsymbol{w}^{\mathrm{H}}\boldsymbol{n}(n) \tag{2.34}$$

分别是输出的目标信号、输出的干扰和输出的噪声。存在干扰的情况下，将干扰功率也归入噪声功率，则最大信噪比准则下的性能函数是阵列的输出信噪比(SNR)，即

$$\xi = \mathrm{SNR} = \frac{E\{|y_s(n)|^2\}}{E\{|y_j(n)+y_n(n)|^2\}} = \frac{\boldsymbol{w}^{\mathrm{H}}\boldsymbol{R}_{ss}\boldsymbol{w}}{\boldsymbol{w}^{\mathrm{H}}\boldsymbol{R}_{j+n,\,j+n}\boldsymbol{w}} \tag{2.35}$$

式中

$$\boldsymbol{R}_{ss} = E\{\boldsymbol{s}(n)\boldsymbol{s}^{\mathrm{H}}(n)\} \tag{2.36}$$

是输入的目标信号的自相关矩阵，也是一个正定的埃尔米特矩阵，即

$$\begin{aligned}\boldsymbol{R}_{j+n,\,j+n} &= E\{[\boldsymbol{j}(n)+\boldsymbol{n}(n)][\boldsymbol{j}(n)+\boldsymbol{n}(n)]^{\mathrm{H}}\}\\ &= E\{\boldsymbol{j}(n)\boldsymbol{j}^{\mathrm{H}}(n)\} + E\{\boldsymbol{n}(n)\boldsymbol{n}^{\mathrm{H}}(n)\}\\ &= \boldsymbol{R}_{jj} + \boldsymbol{R}_{nn}\end{aligned} \tag{2.37}$$

是输入干扰加噪声的自相关矩阵，也是一正定的埃尔米特矩阵。

最优处理问题归结为如下的无约束最优问题，即

$$\max_{\boldsymbol{w}} \xi = \frac{\boldsymbol{w}^{\mathrm{H}}\boldsymbol{R}_{ss}\boldsymbol{w}}{\boldsymbol{w}^{\mathrm{H}}\boldsymbol{R}_{j+n,\,j+n}\boldsymbol{w}} \tag{2.38}$$

最终可以推导出最优权矢量的表达式为

$$\boldsymbol{w}_{\mathrm{opt}} = \alpha\boldsymbol{R}_{j+n,\,j+n}^{-1}\boldsymbol{a} \tag{2.39}$$

式中：α 为一个常数；$\boldsymbol{a}$ 为阵列对目标信号的导向矢量。

2.3.3　线性约束最小方差准则

取最优准则为使阵列输出的功率最小，即

$$\min_{\boldsymbol{w}} \xi = P_{\mathrm{out}} = E\{|y(n)|^2\} \tag{2.40}$$

但是，如果不加以约束，ξ 的最小值将在 $\boldsymbol{w}=0$ 时取得，阵列的输出功率为零，即目标信号、干扰和噪声都被完全抑制了，显然，这是没有意义的。因此，必须加上约束，一种约束方法是保证阵列对目标信号的响应为常数，即

$$\boldsymbol{w}^{\mathrm{H}}\boldsymbol{a} = c \tag{2.41}$$

式中：$\boldsymbol{a}$ 为阵列对目标信号的导向矢量，是固定矢量。

一般可以将常数 c 取为 1，则最优准则成为

$$\begin{aligned}&\min_{\boldsymbol{w}} \xi = P_{\mathrm{out}} = E\{|y(n)|^2\}\\ &\text{s.t. } \boldsymbol{w}^{\mathrm{H}}\boldsymbol{a} = 1\end{aligned} \tag{2.42}$$

这就是线性约束最小方差准则,该准则的意义是:在保证对目标信号的增益为常数的条件下,使阵列输出的总功率最小。这实际上也等效于使阵列输出的信噪比最大。

由式(2.42)可以推导出最优权矢量的表达式为

$$\boldsymbol{w}_{\mathrm{opt}} = \mu \boldsymbol{R}_{xx}^{-1} \boldsymbol{a} \tag{2.43}$$

2.3.4 最大似然准则

阵列的输入矢量为

$$\boldsymbol{x}(n) = \boldsymbol{s}(n) + \boldsymbol{j}(n) + \boldsymbol{n}(n) \tag{2.44}$$

式中:$\boldsymbol{s}(n)$ 为目标信号矢量;$\boldsymbol{j}(n)$ 为干扰矢量;$\boldsymbol{n}(n)$ 为噪声矢量。

最大似然准则的性能函数定义为似然函数,即在给定目标信号 $\boldsymbol{s}(n)$ 的条件下,$\boldsymbol{x}(n)$ 出现的条件概率为

$$P[\boldsymbol{x}(n) | \boldsymbol{s}(n)] \tag{2.45}$$

或用对数形式表示为

$$\ln P[\boldsymbol{x}(n) | \boldsymbol{s}(n)] \tag{2.46}$$

为了推导方便,通常采用对数似然并简称为似然函数。最大似然准则可以写为

$$\max_{\boldsymbol{s}(n)} \xi = \ln P[\boldsymbol{x}(n) | \boldsymbol{s}(n)] \tag{2.47}$$

当$\boldsymbol{j}(n) + \boldsymbol{n}(n)$ 为零均值的平稳高斯随机过程且 $\boldsymbol{s}(n)$ 为固定信号时,可以推导出最优权矢量为

$$\boldsymbol{w}_{\mathrm{opt}} = \alpha \boldsymbol{R}_{j+n,\, j+n}^{-1} \boldsymbol{a} \tag{2.48}$$

式中:α 为一个常数;$\boldsymbol{R}_{j+n,\, j+n}$ 为干扰加噪声输入矢量的自相关矩阵;$\boldsymbol{a}$ 为阵列对目标信号的导向矢量。

由此可见,在高斯噪声情况下,最大似然准则和最大信噪比准则下的最优权矢量是一样的。

2.3.5 最小二乘准则

利用输入矢量

$$\boldsymbol{x}(n) = [x_1(n), \cdots, x_M(n)]^{\mathrm{T}} \quad (n = 1,2,\cdots,N) \tag{2.49}$$

对期望信号 $d(n)$ 进行估计,取阵列的输出作为 $d(n)$ 的估计值 $\hat{d}(n)$,即

$$\hat{d}(n) = \boldsymbol{w}^{\mathrm{H}} \boldsymbol{x}(n) \quad (n = 1,2,\cdots,N) \tag{2.50}$$

相应的估计误差为

$$e(n) = d(n) - \hat{d}(n) = d(n) - \boldsymbol{w}^{\mathrm{H}}\boldsymbol{x}(n) \qquad (n = 1,2,\cdots,N) \tag{2.51}$$

最小二乘准则下的性能函数为平方误差加权和,即

$$\xi(N) = \sum_{n=1}^{N} \lambda^{N-n} \, |e(n)|^2 \tag{2.52}$$

为了降低距当前时刻 N 较远的输入矢量 $\boldsymbol{x}(n)$ 及相应的估计误差 $e(n)$ 对性能函数的影响,式(2.52)中引入了遗忘因子 λ ,且 $0 \leqslant \lambda \leqslant 1$ 。

最小二乘准则可以表示为

$$\min_{\boldsymbol{w}} \xi(N) = \sum_{n=1}^{N} \lambda^{N-n} \, |e(n)|^2 \tag{2.53}$$

最终可以得出最小二乘准则下的最优权值的表达式为

$$\boldsymbol{w}_{\mathrm{opt}} = [\boldsymbol{X}^{\mathrm{H}}(N)\boldsymbol{\Lambda}(N)\boldsymbol{X}(N)]^{-1}[\boldsymbol{X}^{\mathrm{H}}(N)\boldsymbol{\Lambda}(N)\mathrm{d}(N)] \tag{2.54}$$

式中

$$\boldsymbol{X}(N) = [\boldsymbol{x}^{\mathrm{H}}(1),\boldsymbol{x}^{\mathrm{H}}(2),\cdots,\boldsymbol{x}^{\mathrm{H}}(N)]^{\mathrm{T}} \tag{2.55}$$

$$\boldsymbol{\Lambda}(N) = \mathrm{diag}[\lambda^{N-1},\cdots,\lambda,1] \tag{2.56}$$

$$d(N) = [d(1),d(2),\cdots,d(N)]^{\mathrm{H}} \tag{2.57}$$

2.3.6 最优准则分类

由以上讨论可以看出,5 个最优准则在计算最优权值时都需要关于干扰的二阶统计特性,最小二乘准则虽然不是基于统计模型的,但实际上也用了输入矢量的二阶统计。为了便于说明问题,考虑不加权的最小二乘即 $\lambda = 1$ 的情况,此时的权值表达式成为

$$\boldsymbol{w}_{\mathrm{opt}} = [\boldsymbol{X}^{\mathrm{H}}(n)\boldsymbol{X}(n)]^{-1}[\boldsymbol{X}^{\mathrm{H}}(n)d(n)] \tag{2.58}$$

由式(2.58)可知

$$\begin{aligned}\boldsymbol{X}^{\mathrm{H}}(n)\boldsymbol{X}(n) &= [\boldsymbol{x}(1),\boldsymbol{x}(2),\cdots,\boldsymbol{x}(n)]\,[\boldsymbol{x}^{\mathrm{H}}(1),\boldsymbol{x}^{\mathrm{H}}(2),\cdots,\boldsymbol{x}^{\mathrm{H}}(n)]^{\mathrm{T}} \\ &= \sum_{i=1}^{n} \boldsymbol{x}(i)\,\boldsymbol{x}^{\mathrm{H}}(i)\end{aligned} \tag{2.59}$$

由输入矢量的自相关矩阵的表达式即式(2.11)可知,输入矢量的自相关矩阵的最大似然估计为

$$\hat{\boldsymbol{R}}_{xx}(n) = \sum_{i=1}^{n} \boldsymbol{x}(i)\,\boldsymbol{x}^{\mathrm{H}}(i) \tag{2.60}$$

则

$$\boldsymbol{X}^{\mathrm{H}}(n)\boldsymbol{X}(n) = \hat{\boldsymbol{R}}_{xx}(n) \tag{2.61}$$

这说明最小二乘准则下的最优权值的求解也要基于输入矢量的二阶统计特性。同样地,还可以得出

$$\boldsymbol{X}^{\mathrm{H}}(n)d(n) = \hat{r}_{xd} \tag{2.62}$$

从而最小二乘准则下的最优权值的表达式可以写为

$$\boldsymbol{w}_{\mathrm{opt}} = \hat{\boldsymbol{R}}_{xx}^{-1}(n)\hat{r}_{xd} \tag{2.63}$$

由此可见,最小二乘准则与最小均方误差准则下的最优权的表达式是一样的,这两个准则下的最优权的求解都需要目标信号 $d(n)$,我们将其归为一类,称为第一类最优准则。

由前面的讨论还可以看出,最大信噪比准则和最大似然准则下的最优权表达式即式(2.39)和式(2.48)具有统一形式,即

$$\boldsymbol{w}_{\mathrm{opt}} = \alpha \boldsymbol{R}_{j+n,j+n}^{-1}\boldsymbol{a} \tag{2.64}$$

但是,一般情况下很难单独得到 $\boldsymbol{R}_{j+n,j+n}$ 的估计值,因而式(2.64)是不方便的。根据矩阵求逆定理,可以证明

$$\boldsymbol{R}_{j+n,j+n}^{-1}\boldsymbol{a} = \mu\boldsymbol{R}_{xx}^{-1}\boldsymbol{a} \tag{2.65}$$

式中:μ 为一个常数。

最大信噪比准则和最大似然准则下的最优权矢量的表达式可以写为

$$\boldsymbol{w}_{\mathrm{opt}} = \alpha\boldsymbol{R}_{xx}^{-1}\boldsymbol{a} \tag{2.66}$$

式中:α 为一个常数。

比较可见,式(2.66)与线性约束最小方差准则下的权矢量表达式是完全一致的,所以这 3 个最优准则下的权矢量的表达式具有统一的形式,将这 3 个最优准则称为第二类最优准则。第二类最优准则下最优权值的求解除了需要对输入矢量的二阶统计量,还需要目标信号的方向信息,但不需要期望信号与输入矢量的互相关矢量。

2.4 旁瓣对消系统

2.4.1 旁瓣对消系统的组成与原理

旁瓣对消系统的作用在于抑制从旁瓣入射的干扰。图 2.3 是旁瓣对消系统的

原理框图[2]。由图可见,旁瓣对消系统由一个主通道和若干个辅助通道组成,主通道即雷达的主天线系统。主天线的波束形状是根据天线增益、旁瓣电平以及其他对波束形状的要求而设计的。主天线波束的主瓣对准目标信号的方向。辅助通道的引入是为了对消旁瓣干扰。为了实现较好的对消效果,要求主通道接收的目标信号尽可能强而干扰信号尽可能弱,辅助通道接收的目标信号尽可能弱而干扰信号尽可能强。所以,主通道的天线应是高定向的。显然,雷达系统的主天线是满足要求的。辅助通道应采用全向天线,并且要求其电平与雷达主天线的旁瓣电平相近,通常是比较简单的小天线,如偶极子天线等。

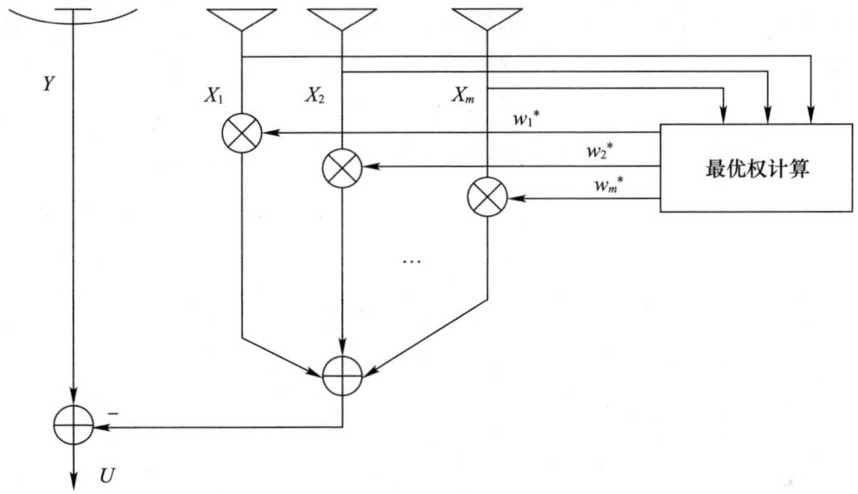

图 2.3 旁瓣对消系统原理框图

当主天线波束的主瓣收到有用目标信号时,其旁瓣也收到了干扰信号。为了对消主天线接收到的干扰信号,首先对每一个辅助天线收到的干扰信号在幅度和相位上进行加权(复数加权)后再进行求和;然后从主天线收到的信号中减去这个“和值”。辅助通道的权值是由图中最优权计算模块决定的,当系统以最优方式工作时,自适应处理器会自动调整其权值,使主通道收到的干扰信号被辅助通道输出的信号完全抵消。将主天线和这些辅助天线看成一个阵列,则上述时域相减的处理过程在空域就等效于使阵列的方向图在干扰的方向上形成了零点。

上述的旁瓣对消系统的组成方式适用于传统雷达天线。在相控阵天线中也可以实现旁瓣对消系统[4],辅助天线可以集成在主阵中,即用主阵中的一部分接收阵元形成子阵辅助天线,并在其后端配置上接收机,就形成了旁瓣对消系统的辅助通道,如图 2.4 所示。

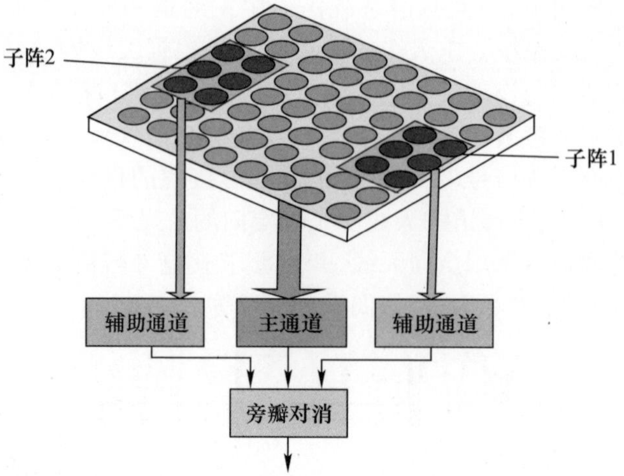

图 2.4　相控阵雷达中旁瓣对消系统实现方式(见彩图)

最优权值的计算在不同的最优准则下有不同的算法,例如,在线性约束最小方差(LCMV)准则下最优权矢量满足

$$\boldsymbol{R}_{xx}\boldsymbol{w}_{\mathrm{opt}} = \mu\boldsymbol{a} \tag{2.67}$$

式中: $\boldsymbol{R}_{xx}$ 为采样协方差矩阵; μ 为任意比例常数; $\boldsymbol{a}$ 为需要信号的导向矢量。

对输入矢量 $\boldsymbol{x}$ 进行 n 次采样,可以得出对 $\boldsymbol{R}_{xx}$ 的最优估计,即

$$\hat{\boldsymbol{R}}_{xx} = \frac{1}{n}\sum_{i=1}^{n}\boldsymbol{x}^{*}(i)\,\boldsymbol{x}^{\mathrm{T}}(i) \tag{2.68}$$

以 $\hat{\boldsymbol{R}}_{xx}$ 代替 $\boldsymbol{R}_{xx}$ 求解上面的方程组,就是采样矩阵求逆(SMI)算法。

图 2.5 ~ 图 2.7 给出了旁瓣对消前后的空域波束和时域波形的示意。其中图 2.5 所示为旁瓣对消系统主通道的天线方向图,设置 5 个辅助通道,辅助通道的天线均设置为增益为 0 的全向天线,通道间距设为 0.5 倍的波长。目标信号设置为 50% 占空比的点频脉冲信号,频率为 3GHz,如图 2.7(a)所示。噪声功率取为单位功率即 1W(只具有理论意义,工程实践中的噪声功率远远小于 1W)。目标信号的信噪比为 10dB,从 0°方向入射。再设置两个与目标信号同频的连续波干扰信号 j_1 和 j_2,j_1 为噪声调幅干扰,干噪比为 40dB,入射角为 −25°;j_2 设置为噪声调相干扰,干噪比也为 40dB,入射角为 40°。用 LCMV − SMI 算法计算最优权进行自适应旁瓣对消,得出自适应阵列的合成方向图如图 2.6 所示,由图可见,自适应旁瓣对消后,阵列的方向图在两个干扰的方向上形成了深于 −100dB 的零点。如果不采取旁瓣对消,主通道直接输出的信号如图 2.7(b)所示;采取旁瓣对消后的阵列输出的信号如图 2.7(c)所示。由图可见,如果不采用旁瓣对

消,目标信号会被淹没在干扰信号之中;采取了旁瓣对消后,阵列可以有效地抑制掉干扰,提取出目标信号。

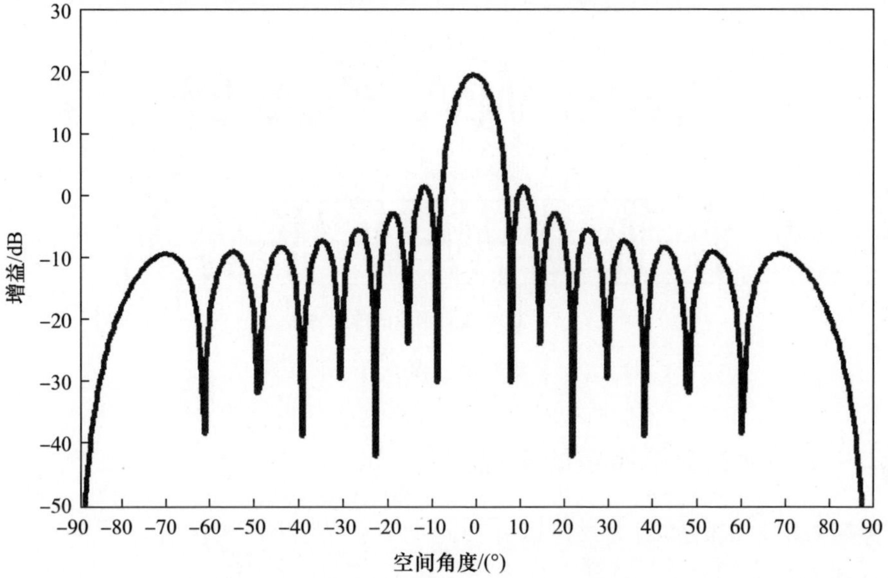

图 2.5　自适应旁瓣对消阵的主天线方向图

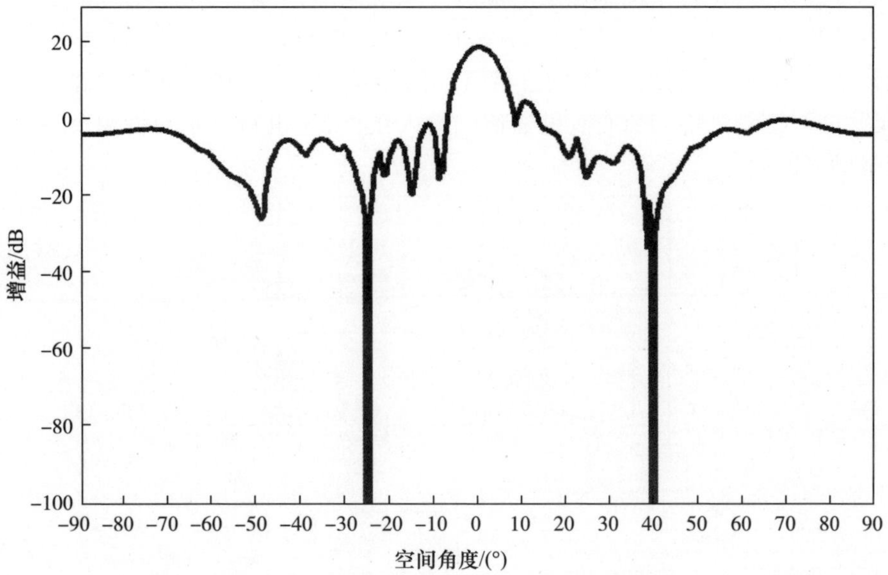

图 2.6　自适应旁瓣对消阵列的合成方向图

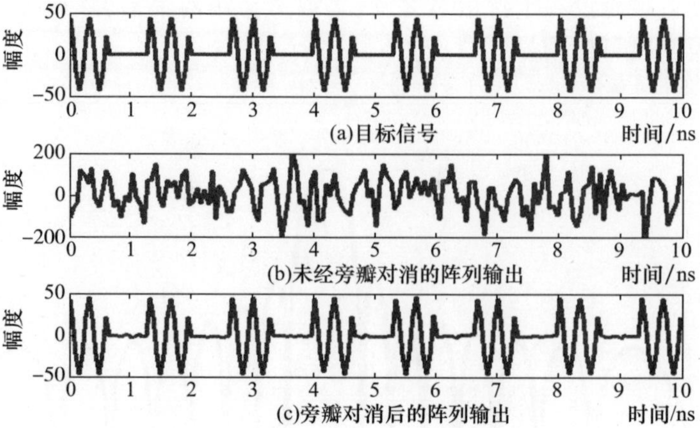

图 2.7　旁瓣对消过程的信号示意图

2.4.2　旁瓣对消系统的实现方式

旁瓣对消系统的实现方式可以分为两类[4]：一类是模拟闭环方式；另一类是数字开环方式。

模拟闭环方式是一种早期的实现方式，如图 2.8 所示。每个辅助通道都带有一个积分反馈环，将每个辅助通道的输出与系统的对消剩余进行积分和放大后作为加权系数，对本通道的信号进行加权，在主通道中减去所有通道的加权和，得到对消剩余，如此循环反馈，最终权值将收敛到维纳解，系统将收敛到稳态，在稳态下，干扰的对消剩余将与所有辅助通道的输入正交，这也符合正交性原理，从而实现了最优滤波。

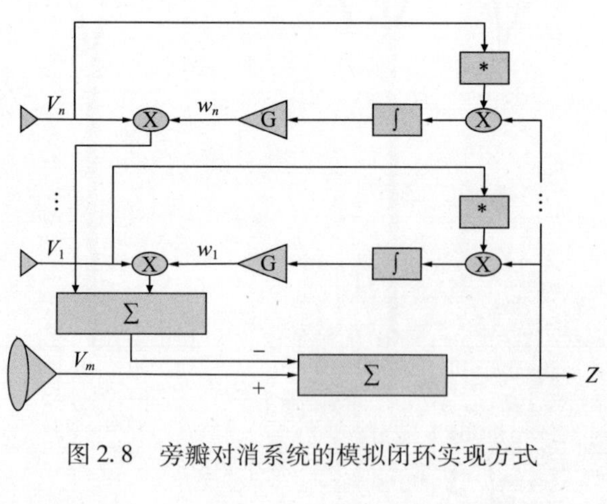

图 2.8　旁瓣对消系统的模拟闭环实现方式

一般情况下,模拟闭环系统的构成比较简单,成本比较低。因为反馈系统有自校正性能,闭环系统不要求元件有很高的线性度和动态范围,从而易于用模拟方式实现。但是闭环系统有一个根本的缺陷,就是收敛速度和稳定性之间存在着固有的矛盾,而雷达由于天线旋转等因素,通常需要高速自适应的旁瓣对消,模拟闭环旁瓣对消系统通常难以满足这种需求。

开环系统的实现框图如图 2.9 所示。由图可见,开环系统没有反馈环,故不存在收敛问题,但是要求元件具有较高的精度和较大的动态范围,所以通常用数字方式实现,即在每个接收机后端通过模/数(A/D)转换器将模拟信号转换成数字信号,然后通过数字处理的方式实现旁瓣对消。

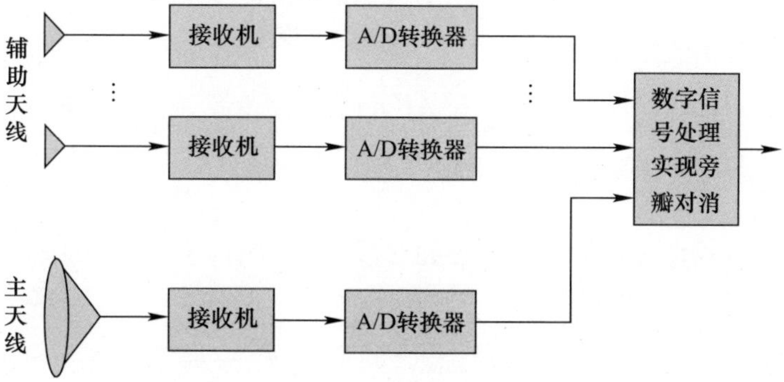

图 2.9　旁瓣对消系统的数字开环实现方式

数字开环系统收敛速度快,并且不存在稳定性问题,对快速变化的干扰环境具有良好的适应能力。随着计算机技术和大规模集成电路技术的飞速发展,旁瓣对消系统的数字实现已经变得非常容易,因而现代雷达中的旁瓣对消系统多用数字开环方式实现。

2.4.3　旁瓣对消系统的权矢量

由前面的讨论可知,旁瓣对消的本质实际上是通过辅助阵收到的干扰信号矢量 $\boldsymbol{j}(n)$ 得到对主通道收到的干扰信号 $d(n) = j_0(n)$ 的估计,进而在主通道中减去这个估计出来的干扰信号,从而实现了对干扰的抑制。这里的估计是通过算法来实现的,算法的目的是根据输入矢量估计或求解出近似最优的权值,然后对输入数据进行加权对消。由 2.3 节的讨论可以看出,在不同的最优准则下,最优权值有不同的表达式,因而求解的算法也不相同。理论上讲,各种算法都可以用来实现旁瓣对消。下面将会看到不同最优准则下的最优权的表达式其实是统一的。

在旁瓣对消系统中，主通道收到的信号 $y(n)$ 是由干扰信号 $j_0(n)$ 、目标信号 $s_0(n)$ 和通道噪声 $n_0(n)$ 组成的，即

$$y(n) = j_0(n) + s_0(n) + n_0(n) \tag{2.69}$$

辅助阵的输入矢量 $\boldsymbol{x}(n)$ 则由干扰信号的输入矢量 $\boldsymbol{Aj}(n)$ 、目标信号的输入矢量 $\boldsymbol{As}(n)$ 和通道噪声的输入矢量 $\boldsymbol{n}(n)$ 组成，即

$$\boldsymbol{x}(n) = \boldsymbol{Aj}(n) + \boldsymbol{As}(n) + \boldsymbol{n}(n) \tag{2.70}$$

由于干扰信号一般被认为是远远强于目标信号的，各个通道的噪声一般也是不相关的，所以辅助阵中的目标信号可以忽略，即

$$\boldsymbol{x}(n) = \boldsymbol{Aj}(n) + \boldsymbol{n}(n) \tag{2.71}$$

而且辅助阵的自相关矩阵为

$$\boldsymbol{R}_{xx} = E\{\boldsymbol{x}(n)\boldsymbol{x}^{\mathrm{H}}(n)\} = E\{\boldsymbol{Aj}(n)\boldsymbol{j}^{\mathrm{H}}(n)\boldsymbol{A}^{\mathrm{H}}\} + \sigma^2\boldsymbol{I} = \boldsymbol{R}_{j+n,j+n} \tag{2.72}$$

由式(2.72)可见，辅助阵的自相关矩阵就近似为干扰加噪声的输入矢量的自相关矩阵。

干扰信号一般是与目标信号不相关的，所以辅助阵与主通道的相关矢量为

$$\begin{aligned}\boldsymbol{r}_{xy} &= E\{\boldsymbol{x}(n)y^*(n)\}\\ &= E\{[\boldsymbol{j}(n) + \boldsymbol{n}(n)][j_0^*(n) + s_0^*(n) + n_0^*(n)]\}\\ &= E\{\boldsymbol{j}(n)j_0^*(n)\}\\ &= \boldsymbol{r}_{jj_0}\end{aligned} \tag{2.73}$$

由以上分析可知，在第一类最优准则下，最优权为

$$\boldsymbol{w}_{\mathrm{opt}} = \boldsymbol{R}_{xx}^{-1}(n)\boldsymbol{r}_{xy} \tag{2.74}$$

由前面的分析看出，在第一类最优准则下，旁瓣对消系统被分成了两部分，即主通道和辅助阵，真正作为自适应阵列的其实是辅助阵，而主通道的权值恒为1，其作用是提供了期望信号，即主通道中收到的干扰信号。在第二类最优准则下，旁瓣对消系统的辅助阵和主通道必须被视为一个阵列，原因有两个：一是第二类最优准则下已不需要期望信号，因而不需要将主通道单独拿出来作为参考通道；二是最大信噪比准则和线性约束最小方差准则考察的都是对消以后的输出功率，因而必须将旁瓣对消系统视为一个整体考虑。

第二类最优准则下的权值的统一表达式为

$$\boldsymbol{w}_{\mathrm{opt}} = \alpha\boldsymbol{R}_{j+n,\,j+n}^{-1}\boldsymbol{a} \tag{2.75}$$

式中：$\boldsymbol{R}_{j+n,\,j+n}$ 表示的应当是整个阵列的干扰加噪声的输入矢量的自相关矩阵；$\boldsymbol{w}_{\mathrm{opt}}$ 表示的应当是整个阵列的权矢量。

但是，在第一类最优准则的讨论中我们已经将 $\boldsymbol{j}$ 定义成了辅助阵的干扰输入矢量，将 $\boldsymbol{n}$ 定义成了辅助阵的噪声输入矢量，将 $\boldsymbol{w}_{\text{opt}}$ 定义成了辅助阵的权矢量。我们需要继续沿用这些定义，为了避免混淆，我们将 $\boldsymbol{R}_{\boldsymbol{j}+\boldsymbol{n},\,\boldsymbol{j}+\boldsymbol{n}}$ 改写成 $\boldsymbol{R}_{\boldsymbol{j}'+\boldsymbol{n}',\boldsymbol{j}'+\boldsymbol{n}'}$，将 $\boldsymbol{w}_{\text{opt}}$ 改写成 $\boldsymbol{w}'_{\text{opt}}$，则第二种最优准则下的权值表达式为

$$\boldsymbol{w}'_{\text{opt}} = \alpha \boldsymbol{R}^{-1}_{\boldsymbol{j}'+\boldsymbol{n}',\,\boldsymbol{j}'+\boldsymbol{n}'}\boldsymbol{a} \tag{2.76}$$

式中：$\boldsymbol{j}'$ 表示整个阵列的干扰输入矢量；$\boldsymbol{n}'$ 表示整个阵列的噪声输入矢量，则

$$\boldsymbol{j}' = [j_0, \boldsymbol{j}^{\text{T}}]^{\text{T}} \tag{2.77}$$

$$\boldsymbol{n}' = [n_0, \boldsymbol{n}^{\text{T}}]^{\text{T}} \tag{2.78}$$

$$\boldsymbol{w}'_{\text{opt}} = [w_0, \boldsymbol{w}^{\text{T}}_{\text{opt}}]^{\text{T}} \tag{2.79}$$

现在进一步推导第二种最优准则下的最优权的表达式，将式(2.76)写为

$$\boldsymbol{R}_{\boldsymbol{j}'+\boldsymbol{n}',\,\boldsymbol{j}'+\boldsymbol{n}'}\boldsymbol{w}'_{\text{opt}} = \alpha\boldsymbol{a} \tag{2.80}$$

式(2.80)中的 $\boldsymbol{R}_{\boldsymbol{j}'+\boldsymbol{n}',\,\boldsymbol{j}'+\boldsymbol{n}'}$ 可以写为

$$\boldsymbol{R}_{\boldsymbol{j}'+\boldsymbol{n}',\,\boldsymbol{j}'+\boldsymbol{n}'} = \begin{bmatrix} P_{j_0+n_0} & \boldsymbol{r}^{\text{H}}_{\boldsymbol{xy}} \\ \boldsymbol{r}_{\boldsymbol{xy}} & \boldsymbol{R}_{\boldsymbol{j}+\boldsymbol{n},\,\boldsymbol{j}+\boldsymbol{n}} \end{bmatrix} \tag{2.81}$$

一般认为，主天线的主瓣是对准目标信号的，而且由于主天线的主瓣增益 G_0 远远高于辅助天线的增益。因此，目标信号进入辅助天线的能量可以忽略不计，则旁瓣对消系统对目标信号的导向矢量可以写为

$$\boldsymbol{a} = [G_0, 0, 0, \cdots, 0]^{\text{T}} = [1, 0, 0, \cdots, 0]^{\text{T}} \tag{2.82}$$

对式(2.82)中的 G_0 进行了归一化处理，将式(2.81)和式(2.82)代入式(2.80)，可得

$$P_{j_0+n_0}w_0 + \boldsymbol{r}^{\text{H}}_{\boldsymbol{xy}}\boldsymbol{w}_{\text{opt}} = \alpha \tag{2.83}$$

$$\boldsymbol{R}_{\boldsymbol{j}+\boldsymbol{n},\,\boldsymbol{j}+\boldsymbol{n}}\boldsymbol{w}_{\text{opt}} = -w_0\boldsymbol{r}_{\boldsymbol{xy}} \tag{2.84}$$

式(2.83)是一个标量方程，由它决定主通道的权值 w_0，由于 α 是任意值，所以 w_0 也可以是任意的。该式总是可以得到满足，因而并不构成实质意义上的约束条件，所以同第一类最优准则，取 $w_0 = 1$，即主通道不具备自由度。所以，第二类最优准则下的权矢量的求解最终只需要求解式(2.84)。同样地，由于辅助阵中的目标信号可以忽略，则

$$\boldsymbol{R}_{\boldsymbol{j}+\boldsymbol{n},\,\boldsymbol{j}+\boldsymbol{n}} = \boldsymbol{R}_{\boldsymbol{xx}} \tag{2.85}$$

因而式(2.84)可以写为

$$\boldsymbol{R}_{\boldsymbol{xx}}\boldsymbol{w}_{\text{opt}} = \alpha\boldsymbol{r}_{\boldsymbol{xy}} \tag{2.86}$$

最优权的表达式为

$$\boldsymbol{w}_{\text{opt}} = \alpha \boldsymbol{R}_{xx}^{-1} \boldsymbol{r}_{xy} \tag{2.87}$$

与第一类最优准则下的权矢量的表达式是一致的。至此,我们证明了,对于旁瓣对消系统而言,无论采取哪类最优准则,辅助阵的权矢量的表达式是统一的,都是维纳-霍夫方程的解。

2.4.4 旁瓣对消系统的性能指标

工程中多用干扰对消比(CR)作为旁瓣对消系统的性能指标[3],干扰对消比的定义是对消前主通道中收到的干扰信号功率与对消后系统输出的剩余干扰功率之比,即

$$\text{CR} = \frac{E\{|j_0|^2\}}{E\{|j_0 - \boldsymbol{w}^{\text{H}}\boldsymbol{j}|^2\}} \tag{2.88}$$

式中:j_0 为主通道收到的干扰信号;$\boldsymbol{w}$ 为辅助阵的权矢量;$\boldsymbol{j}$ 为辅助阵的干扰信号输入矢量。

显然,对消比越大,说明对消后剩余的干扰功率越小,则旁瓣对消系统的性能越好。

2.5 自适应置零阵

2.5.1 自适应置零阵的组成与原理

自适应置零阵和旁瓣对消系统的实现方法很相似,但在旁瓣对消系统中,阵元之间有主辅之分,而且在干扰方向的波束置零是通过主通道的信号与辅助通道信号的加权和在时域相减而等效实现的,并非直接通过空域滤波置零。对自适应置零阵而言,各阵元没有主辅之分,而且在干扰方向上的波束置零是直接由空域滤波实现的。

自适应置零阵可以将接收到的信号根据某一优化准则对空间干扰信号直接进行抑制,从天线方向图上看是系统对接收到的信号按照一定准则计算出一组权值,在干扰方向上形成波束零点,从而将干扰信号抑制掉。当干扰方向变换时,波束零点也能够自适应地随着变化。其系统实现模型如图 2.10 所示,这种结构也称为全自适应阵。

采用具有 16 个阵元的均匀线阵,阵元间距设为波长的 1/2。图 2.11 至图 2.13 给出了自适应置零前后的空域波束和时域波形的示意图。不对阵列进行自适应加

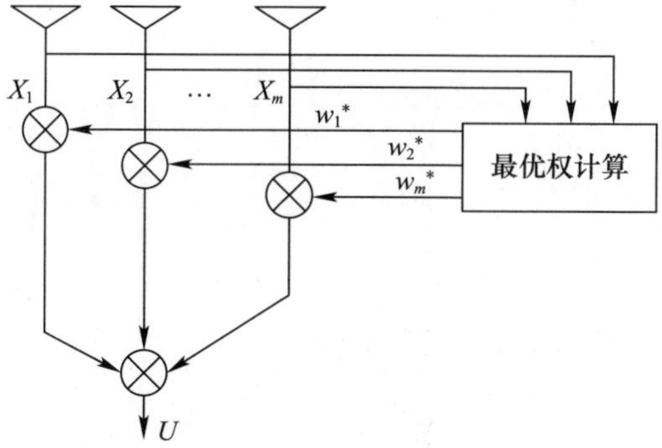

图 2.10　自适应置零阵的原理框图

权即 16 个阵元的权值均为 1 时可得出阵列的方向图如图 2.11 所示。目标信号设置为 50% 占空比的点频脉冲,频率为 3GHz,如图 2.13(a)所示。目标信号的信噪比为 10dB,从 0°方向入射。再设置 5 个同频的连续波干扰信号,或幅度随机,或相位随机,或幅度相位均随机,干噪比统一设为 40dB,入射角度分别为 -30°、-20°、20°、30°、40°。用 LCMV - SMI 算法计算最优权进行自适应置零,得出阵列的自适应波束如图 2.12 所示。由图可见,阵列在 5 个干扰的方向上都置出了低于 -70dB 的零点。图 2.13(b)是未经自适应置零而均匀加权时的阵列输出,图 2.12(c)是经过自适应置零后的阵列输出。由图可见,如果不采用自适应置零,目标信号会被淹没在干扰信号之中;采取了自适应置零后,阵列可以有效地抑制掉干扰,提取出目标信号。

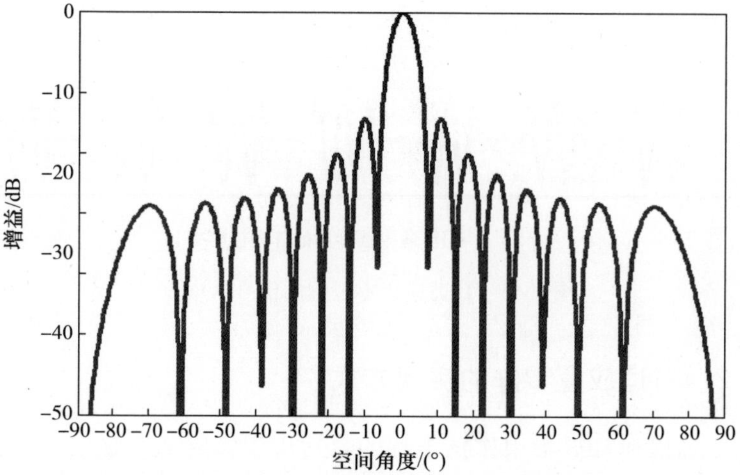

图 2.11　未经自适应置零的 16 元均匀线阵方向图

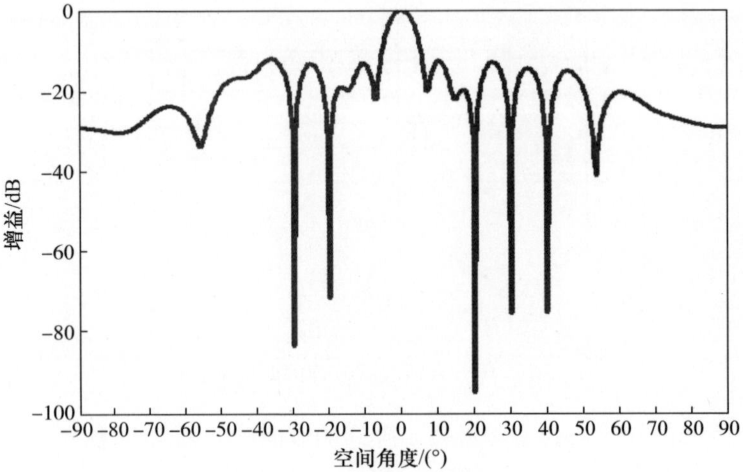

图 2.12　16 元均匀线阵的自适应波束

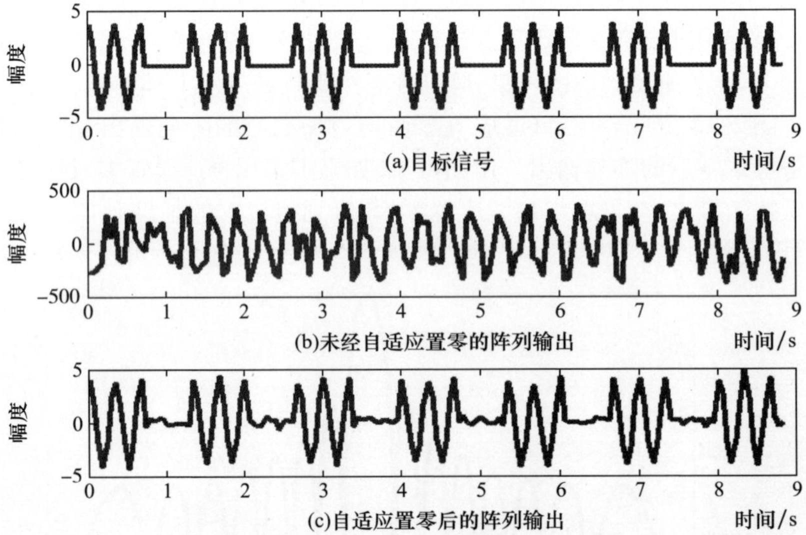

图 2.13　自适应置零过程的信号示意图

2.5.2　自适应置零阵的实现方式

在雷达、通信和 GPS 中用作抗干扰的自适应置零阵的实现以数字方式为主，如图 2.14 所示。

图中每路接收机的实现方式又有两种：一种是中频采样方式；另一种是基带采

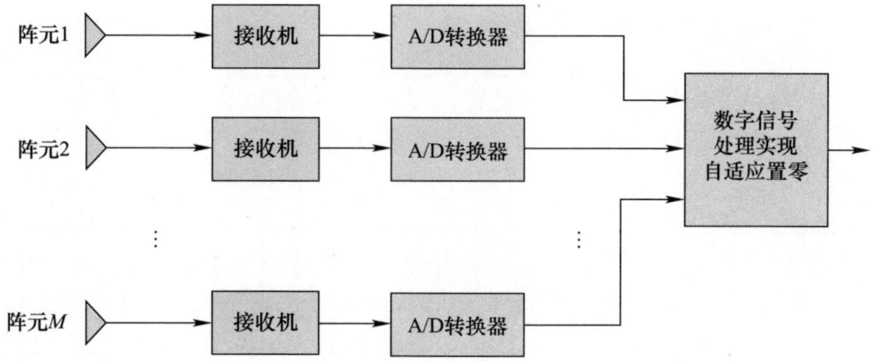

图 2.14　自适应置零阵的实现方式

样方式。

中频采样方式如图 2.15(a)所示。每个阵元收到信号经过变频和中频放大后在中频进行采样产生数字信号,再通过数字下变频(DDC)以数字方式产生正交双通道数字基带信号,再由数字乘法器进行加权运算。

基带采样方式如图 2.15(b)所示,每个阵元接收到的信号经过变频和中放后,由正交混频产生 IQ 双通道信号,两路信号再分别由 A/D 转换器转换成数字基带双通道信号,送入数字乘法器完成加权运算即复数乘法。

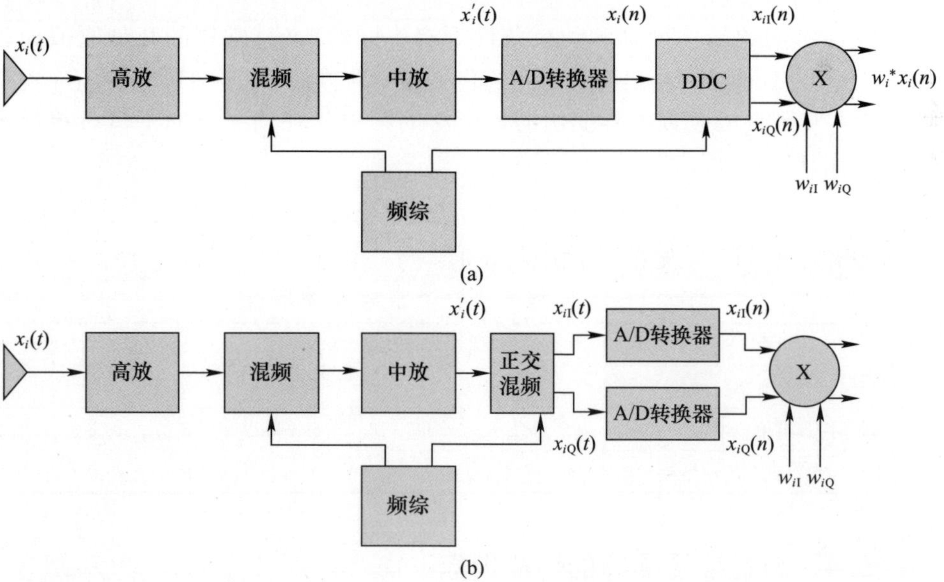

图 2.15　自适应置零阵的一路接收机的实现方式

2.5.3 自适应置零阵的权矢量

在2.4节对旁瓣对消系统的讨论中可以看出,旁瓣对消系统的主通道收到的目标信号远远强于其他的辅助通道收到的目标信号,而且主通道还可以提供参考干扰信号。因此,只需将主通道中收到的干扰信号对消掉,即可得到目标信号。但是,在自适应置零阵中,所有阵元和通道是相同的,不存在一个可以对目标信号提供足够增益的主通道。虽然也可以用所有通道或者部分通道合成出一个主通道,进而用旁瓣对消的方法实现干扰抑制,但这样的系统本质上仍为旁瓣对消系统,而非自适应置零阵。因为自适应置零阵中所有通道的作用都是等同的,每个通道都代表一个自由度,而干扰的抑制则是基于输入矢量的统计特性直接实现的,不存在旁瓣对消系统中的时域相减的过程。在雷达中,自适应置零阵一般是基于自适应数字波束形成(ADBF)实现的,在波束形成时会将波束指向目标信号的方向,而在干扰方向上置零。所以雷达中的自适应置零一般使用第二类最优准则。因此,在自适应置零阵中,以第二类最优准则为主,则权矢量的正规方程为

$$\boldsymbol{R}_{j+n,\,j+n}\,\boldsymbol{w}_{\mathrm{opt}} = \alpha \boldsymbol{a} \tag{2.89}$$

可以解出权矢量的表达式为

$$\boldsymbol{w}_{\mathrm{opt}} = \alpha\,\boldsymbol{R}_{j+n,\,j+n}^{-1}\boldsymbol{a} \tag{2.90}$$

式中:α为一个常数。

常数α不同的最优准则和约束条件下有不同的取值,常用的几种取值如表2.1所列。α的不同取值只是为了不同场合下应用的方便,并不会影响自适应置零阵的性能。对于自适应置零阵使用的最广泛的约束是在信号方向上具有单位增益,因而α的取值一般为

$$\alpha = [\boldsymbol{a}^{\mathrm{H}}(\theta_s)\,\boldsymbol{R}_{j+n,\,j+n}\boldsymbol{a}(\theta_s)]^{-1} \tag{2.91}$$

本书中所涉及的权矢量,均使用此α值。

表2.1 不同约束条件下常数α的取值

约 束	表达式	α的取值
对目标信号具有单位增益	$\boldsymbol{w}_{\mathrm{opt}}^{\mathrm{H}}\boldsymbol{a}(\theta_s) = 1$	$\alpha = [\boldsymbol{a}^{\mathrm{H}}(\theta_s)\,\boldsymbol{R}_{j+n,\,j+n}^{-1}\boldsymbol{a}(\theta_s)]^{-1}$
对噪声具有单位增益	$\boldsymbol{w}_{\mathrm{opt}}^{\mathrm{H}}\,\boldsymbol{w}_{\mathrm{opt}} = 1$	$\alpha = [\boldsymbol{a}^{\mathrm{H}}(\theta_s)\,\boldsymbol{R}_{j+n,\,j+n}^{-2}\boldsymbol{a}(\theta_s)]^{-1/2}$
对干扰加噪声具有单位增益	$\boldsymbol{w}_{\mathrm{opt}}^{\mathrm{H}}\,\boldsymbol{R}_{j+n,\,j+n}\,\boldsymbol{w}_{\mathrm{opt}} = 1$	$\alpha = [\boldsymbol{a}^{\mathrm{H}}(\theta_s)\,\boldsymbol{R}_{j+n,\,j+n}^{-1}\boldsymbol{a}(\theta_s)]^{-1/2}$

2.5.4 自适应置零阵的性能指标

对于自适应置零阵,可以采用多种性能指标,如波束零点的零深、干扰抑制度、

输出信干噪比和信干噪比的改善因数等。因为自适应置零阵在将干扰置零的同时还具有目标增强的作用,因而用信干噪比改善因数可以较全面地体现自适应置零阵的性能。当然,也可以为了讨论问题的方便选用其他的性能指标。

改善因数(IF)定义为自适应置零阵输出的信干噪比$(\mathrm{SJNR})_{\mathrm{out}}$与系统输入的信干噪比$(\mathrm{SJNR})_{\mathrm{in}}$的比值[4],即

$$\mathrm{IF} = \frac{(\mathrm{SJNR})_{\mathrm{out}}}{(\mathrm{SJNR})_{\mathrm{in}}} \tag{2.92}$$

则

$$(\mathrm{SJNR})_{\mathrm{out}} = \frac{E[\,|\boldsymbol{w}^{\mathrm{H}}\boldsymbol{s}|^2\,]}{E[\,|\boldsymbol{w}^{\mathrm{H}}(\boldsymbol{j}+\boldsymbol{n})|^2\,]} = \frac{E[\,|\boldsymbol{w}^{\mathrm{H}}\boldsymbol{s}|^2\,]}{\boldsymbol{w}^{\mathrm{H}}\boldsymbol{R}_{j+n,\,j+n}\boldsymbol{w}} \tag{2.93}$$

由于

$$\boldsymbol{s} = s\boldsymbol{a} \tag{2.94}$$

式中:s 为某时刻信号的幅度,为一个标量常数,则式(2.68)的最优权矢量可以写为

$$\boldsymbol{w}_{\mathrm{opt}} = \alpha\boldsymbol{R}_{j+n,\,j+n}^{-1}\boldsymbol{s} \tag{2.95}$$

将式(2.95)代入式(2.93),可得输出的信干噪比为

$$(\mathrm{SJNR})_{\mathrm{out}} = \frac{|\alpha|^2\,|\boldsymbol{s}^{\mathrm{H}}(\boldsymbol{R}_{j+n,\,j+n}^{-1})^{\mathrm{H}}\boldsymbol{s}|^2}{(\alpha^*\boldsymbol{s}^{\mathrm{H}}(\boldsymbol{R}_{j+n,\,j+n}^{-1})^{\mathrm{H}})\boldsymbol{R}_{j+n,\,j+n}(\alpha^*\boldsymbol{R}_{j+n,\,j+n}^{-1}\boldsymbol{s})} = \boldsymbol{s}^{\mathrm{H}}\boldsymbol{R}_{j+n,\,j+n}^{-1}\boldsymbol{s} \tag{2.96}$$

则改善因数为

$$\mathrm{IF} = \frac{\boldsymbol{s}^{\mathrm{H}}\boldsymbol{R}_{j+n,\,j+n}^{-1}\boldsymbol{s}}{(\mathrm{SJNR})_{\mathrm{in}}} \tag{2.97}$$

2.6　自适应阵列的算法

由 2.4 节和 2.5 节的讨论可知,自适应阵列的核心是求出最优的权矢量,只有得到这个权矢量才能够对各个通道进行加权实现干扰的抑制。决定旁瓣对消系统和自适应置零阵的最优权矢量的正规方程分别为

$$\boldsymbol{R}_{xx}\boldsymbol{w}_{\mathrm{opt}} = \alpha\boldsymbol{r}_{xy} \tag{2.98}$$

$$\boldsymbol{R}_{j+n,\,j+n}\boldsymbol{w}_{\mathrm{opt}} = \alpha\boldsymbol{a} \tag{2.99}$$

由此可见,自适应阵列的权矢量都需要根据阵列输入矢量的二阶统计特性进行计算。但不论是在雷达、通信还是 GPS 中,这种二阶统计特性都是未知的,而且还可能是变化的。所以必须根据阵列的输入矢量进行估计,从而算出近似的最优

权,或者根据最优准则的思路和阵列的输入矢量,按一定的方法直接计算最优权矢量。这就是自适应阵列的算法所要完成的功能。

自适应阵列的主流算法有两大类[26]:一类是最小二乘(LS)算法;另一类是采样矩阵求逆(SMI)算法。

第一类算法包括基本 LS 算法、RLS 算法、基于卡尔曼滤波的算法和基于数据域处理的最小二乘算法等。由 2.3.5 节的讨论可知,基本 LS 算法的最优权矢量的表达式为

$$\boldsymbol{w}_{\text{opt}} = [\boldsymbol{X}^{\mathrm{H}}(n)\boldsymbol{\Lambda}(n)\boldsymbol{X}(n)]^{-1}[\boldsymbol{X}^{\mathrm{H}}(n)\boldsymbol{\Lambda}(n)d(n)] \tag{2.100}$$

基本 LS 算法运算量大,因而应用范围有限,具备一定应用潜力的是其递推形式即 RLS 算法。RLS 算法的递推公式为

$$\boldsymbol{w}(n) = \boldsymbol{w}(n-1) + \boldsymbol{g}(n)[d(n) - \boldsymbol{x}^{\mathrm{T}}(n)\boldsymbol{w}(n-1)] \tag{2.101}$$

RLS 算法可以采用最小二乘格形算法等具有模块化优点的实现形式,但其运算量仍然是相对较大的。

基于数据域处理的 QR 分解 RLS 算法不是针对输入数据的协方差矩阵进行递推,而是直接针对输入数据矩阵进行递推,不仅具有很好的数据稳定性,而且还可以用 Systolic 处理结构高效实现,因而在自适应阵列中应用广泛。

第二类算法包括基本 SMI 算法和基于数据域处理的 QR 分解 SMI 算法。基本 SMI 算法就是直接根据输入矢量的采样值对相关矩阵 $\boldsymbol{R}_{xx}$ 和互相关矢量 $\boldsymbol{r}_{xy}$ 进行估计,得到 $\hat{\boldsymbol{R}}_{xx}$ 和 $\hat{\boldsymbol{r}}_{xy}$,即

$$\hat{\boldsymbol{R}}_{xx} = \frac{1}{N}\sum_{i=1}^{N}\boldsymbol{x}^{*}(i)\,\boldsymbol{x}^{\mathrm{T}}(i) \tag{2.102}$$

$$\hat{\boldsymbol{r}}_{xy} = \frac{1}{N}\sum_{i=1}^{N}y_i\,\boldsymbol{x}_i \tag{2.103}$$

对 $\hat{\boldsymbol{R}}_{xx}$ 求逆即可得旁瓣对消系统和自适应置零阵的最优权矢量分别为

$$\boldsymbol{w}_{\text{opt}} = \alpha\,\hat{\boldsymbol{R}}_{xx}^{-1}\,\hat{\boldsymbol{r}}_{xy} \tag{2.104}$$

$$\boldsymbol{w}_{\text{opt}} = \alpha\,\hat{\boldsymbol{R}}_{xx}^{-1}\boldsymbol{a} \tag{2.105}$$

基本 SMI 算法的运算量取决于所用输入矢量的样本数,该样本数的取值一般在 $2M$ 量级。由于基本 SMI 算法根据估计的采样协方差矩阵直接由正规方程计算权矢量,能够克服协方差矩阵的特征值分散对权矢量收敛速度的影响,因而可以实现很高的处理速度。但是,基本 SMI 算法需要估计 $M \times M$ 维的矩阵 $\hat{\boldsymbol{R}}_{xx}$ 并求逆。因此,当 M 很大时运算量很大,但随着近年来 VLSI 和 DSP 技术的发展,运算量已

不再成为基本 SMI 算法的瓶颈。

QR 分解 SMI 算法可以直接根据输入数据进行处理,具有更高的数据稳定性,并可以由 Systolic 处理结构高效实现,因而获得了更加广泛的应用。

从干扰抑制的角度来讲,上述两类算法都具备良好的抗干扰性能。但这两类算法对期望信号的影响是不同的。由上面的讨论可知,递推最小二乘算法对每个输入矢量都会算出一个权矢量,而 SMI 算法则是对一组输入矢量算出一个权矢量。因此,两种算法下的加权方式是不同的,最小二乘算法可以对每个输入矢量进行加权,这种自适应方式通常称为采样自适应。SMI 算法通常是对一组输入数据用同一个数据进行加权,这种自适应方式通常称为块自适应。采样自适应对期望信号的每个样点都进行了加权。当权值起伏较大时,这种加权相当于对期望信号进行了幅度和相位调制,这种调制往往会破坏目标信号的相位关系,在许多场合下对信号能量的积累带来不利的影响。SMI 算法通常是对一组样点使用了同一个权矢量,因而不会破坏目标信号样点之间的相位关系。所以 SMI 算法对目标信号的影响比递推最小二乘算法对目标信号的影响要小,详细的讨论见 3.5 节。从这个角度考虑,自适应阵列更倾向于使用 SMI 算法。所以本书中的仿真分析也将基于 SMI 算法。

使用 SMI 算法首先需要确定训练样本数 n。Reed 对自适应置零阵所需的训练样本数进行了详细研究,结论是为了保证采用 SMI 算法时的自适应阵列的输出信干噪比($\mathrm{SINR}_{\mathrm{SMI}}$)相对于使用最优权矢量 $\boldsymbol{w}_{\mathrm{opt}}$ 时的输出信干噪比($\mathrm{SINR}_{\mathrm{opt}}$)的损失小于 3dB,SMI 算法的采样数 n 应当满足

$$n \geqslant 2M - 3 \tag{2.106}$$

工程中一般近似为

$$n \geqslant 2M \tag{2.107}$$

即采样数不能少于阵元个数的 2 倍。

在 M 相同的情况下,旁瓣对消系统所需的训练样本数通常是多于自适应置零阵的。因为在自适应置零阵中,训练样本数的作用只有一个,就是用于估计协方差矩阵 $\boldsymbol{R}_{xx}$。在旁瓣对消系统中,训练样本不仅用于估计协方差矩阵 $\boldsymbol{R}_{xx}$,还用于估计互相关矢量 $\boldsymbol{r}_{xy}$。显然,训练样本数越多,对 $\boldsymbol{R}_{xx}$ 和 $\boldsymbol{r}_{xy}$ 的估计就越准确,旁瓣对消系统的性能就越好。具体的训练样本数取决于系统的性能要求和工程条件。

2.7 协方差矩阵的特征分析

特征分析[4]是理解自适应阵列抗干扰机理的有力数学工具。由 2.2.2 节的讨

论可知，阵列的 M 维的协方差矩阵 $\boldsymbol{R}_{xx}$ 是正定的埃尔米特阵，所以可以对 $\boldsymbol{R}_{xx}$ 做如下的特征分解，即

$$\boldsymbol{R}_{xx} = \sum_{k=1}^{M} \lambda_k \boldsymbol{q}_k \boldsymbol{q}_k^{\mathrm{H}} \tag{2.108}$$

式中：λ_k 和 $\boldsymbol{q}_k$ 是矩阵 $\boldsymbol{R}_{xx}$ 的特征值和特征矢量，M 个特征值都是正实数，当不相关的辐射源个数为 N 时，则 $\boldsymbol{R}_{xx}$ 有 N 个较大的特征值和 $M-N$ 个等于噪声功率的较小的特征值，即

$$\lambda_k = \begin{cases} \lambda_{sk} + \sigma^2 & k = 1,2,\cdots,N \\ \sigma^2 & k = N+1, N+2\cdots, M \end{cases} \tag{2.109}$$

矩阵 $\boldsymbol{R}_{xx}$ 的 M 个特征矢量是相互正交的，即

$$\boldsymbol{q}_k^{\mathrm{H}} \boldsymbol{q}_i = \begin{cases} 1 & k = i \\ 0 & k \neq i \end{cases} \tag{2.110}$$

对于这种分解的物理意义可以通过对输入矢量 $\boldsymbol{x}$ 的 K－L 展开来理解，$\boldsymbol{x}$ 的协方差矩阵是 $\boldsymbol{R}_{xx}$，则 $\boldsymbol{x}$ 可以表示为

$$\boldsymbol{x} = \sum_{k=1}^{M} \alpha_k \boldsymbol{q}_k \tag{2.111}$$

组合系数具有如下性质，即

$$E\{|\alpha_k|^2\} = \lambda_k \tag{2.112}$$

同样值得注意的是，输入矢量 $\boldsymbol{x}$ 的功率为

$$E\{\boldsymbol{x}^{\mathrm{H}}\boldsymbol{x}\} = \sum_{k=1}^{M} |\alpha_k|^2 = \sum_{k=1}^{M} \lambda_k \tag{2.113}$$

综上所述，输入矢量 $\boldsymbol{x}$ 可以表示成其协方差矩阵 $\boldsymbol{R}_{xx}$ 的特征矢量的线性组合，组合系数的均方值等于相应的特征值，输入矢量的总功率是所有特征值的和。由此可见，特征分析是描述阵列收到的输入矢量 $\boldsymbol{x}$ 的有力工具。由 2.2 节的式(2.7)可知，输入矢量还可以表示成阵列对信号的导向矢量的线性组合，即

$$\boldsymbol{x} = \sum_{i=1}^{N} s_i \boldsymbol{a}(\theta_i) \tag{2.114}$$

由式(2.114)可见，输入矢量 $\boldsymbol{x}$ 既可以用一组正交基 $\{\boldsymbol{q}_k\}$ 表示，也可以用一组不一定正交的基底 $\{\boldsymbol{a}(\theta_i)\}$ 表示。由线性代数的知识可知，这两组基底之间一定存在着映射关系，所以每一个特征矢量也可以用 $\{\boldsymbol{a}(\theta_i)\}$ 表示，即

$$\boldsymbol{q}_k = \sum_{i=1}^{N} c_{ki} \{\boldsymbol{a}(\theta_i)\} \tag{2.115}$$

式中：c_{ki} 为 $\boldsymbol{q}_k$ 在 $\boldsymbol{a}(\theta_i)$ 上的坐标。

特征分析还有助于理解自适应阵列中最优权矢量的表达式。由式(2.108)容易得出协方差矩阵的逆矩阵为

$$\boldsymbol{R}_{xx}^{-1} = \sum_{k=1}^{M} \frac{1}{\lambda_k} \boldsymbol{q}_k \boldsymbol{q}_k^{\mathrm{H}} \tag{2.116}$$

用阵列的通道噪声功率 σ^2 乘以 $\boldsymbol{R}_{xx}^{-1}$，可得

$$\sigma^2 \boldsymbol{R}_{xx}^{-1} = \sum_{k=1}^{M} \frac{\sigma^2}{\lambda_k} \boldsymbol{q}_k \boldsymbol{q}_k^{\mathrm{H}} = \sum_{k=1}^{M} \left(1 - \frac{\lambda_k - \sigma^2}{\lambda_k}\right) \boldsymbol{q}_k \boldsymbol{q}_k^{\mathrm{H}} = \sum_{k=1}^{M} \boldsymbol{q}_k \boldsymbol{q}_k^{\mathrm{H}} - \sum_{k=1}^{M} \frac{\lambda_k - \sigma^2}{\lambda_k} \boldsymbol{q}_k \boldsymbol{q}_k^{\mathrm{H}} \tag{2.117}$$

由式(2.110)可知

$$\sum_{k=1}^{M} \boldsymbol{q}_k \boldsymbol{q}_k^{\mathrm{H}} = \boldsymbol{I} \tag{2.118}$$

将式(2.118)和式(2.109)代入式(2.117)，可得

$$\sigma^2 \boldsymbol{R}_{xx}^{-1} = \boldsymbol{I} - \sum_{k=1}^{N} \frac{\lambda_k - \sigma^2}{\lambda_k} \boldsymbol{q}_k \boldsymbol{q}_k^{\mathrm{H}} \tag{2.119}$$

式中：N 为辐射源的个数。

将式(2.119)代入第二类最优准则下的自适应阵列的最优权的表达式(2.66)，可得

$$\boldsymbol{w}_{\mathrm{opt}} = \frac{\alpha}{\sigma^2}\left\{\boldsymbol{I} - \sum_{k=1}^{N} \frac{\lambda_k - \sigma^2}{\lambda_k} \boldsymbol{q}_k \boldsymbol{q}_k^{\mathrm{H}}\right\}\boldsymbol{a}(\theta_s) = \alpha'\left\{\boldsymbol{a}(\theta_s) - \sum_{k=1}^{N} \frac{\lambda_k - \sigma^2}{\lambda_k} a_k \boldsymbol{q}_k\right\} \tag{2.120}$$

式中：$\alpha' = \dfrac{\alpha}{\sigma^2}$，$a_k = \boldsymbol{q}_k^{\mathrm{H}} \boldsymbol{a}(\theta_s)$，式(2.120)可进一写为

$$\boldsymbol{w}_{\mathrm{opt}} = \alpha' \boldsymbol{a}(\theta_s) - \alpha' \sum_{k=1}^{q} \frac{\lambda_k - \sigma^2}{\lambda_k} a_k \boldsymbol{q}_k = \boldsymbol{w}_a - \boldsymbol{w}_q \tag{2.121}$$

式中

$$\boldsymbol{w}_a = \alpha' \boldsymbol{a}(\theta_s) \tag{2.122}$$

$$\boldsymbol{w}_q = \alpha' \sum_{k=1}^{N} \frac{\lambda_k - \sigma^2}{\lambda_k} a_k \boldsymbol{q}_k \tag{2.123}$$

由式(2.121)可以看出，最优权矢量 $\boldsymbol{w}_{\mathrm{opt}}$ 可以用阵列对目标信号的导向矢量 $\boldsymbol{a}(\theta_s)$ 形成的权矢量 $\boldsymbol{w}_a$ 减去由 N 个大特征值所对应的特征矢量乘以相应的系数 $(\lambda_k - \sigma^2)a_k/\lambda_k$ 形成的权矢量 $\boldsymbol{w}_q$ 得到。用此权值形成的自适应波束为

$$G(\theta) = \boldsymbol{w}_{\mathrm{opt}}^{\mathrm{H}}\boldsymbol{a}(\theta) = \alpha' \boldsymbol{w}_{a}^{\mathrm{H}}\boldsymbol{a}(\theta) - \alpha' \boldsymbol{w}_{q}^{\mathrm{H}}\boldsymbol{a}(\theta) = G_{a}(\theta) - G_{q}(\theta) \tag{2.124}$$

式中

$$G_{a}(\theta) = \alpha' \boldsymbol{w}_{a}^{\mathrm{H}}\boldsymbol{a}(\theta) \tag{2.125}$$

$$G_{q}(\theta) = \alpha' \boldsymbol{w}_{q}^{\mathrm{H}}\boldsymbol{a}(\theta) \tag{2.126}$$

式中：$G_a(\theta)$ 是把 $\boldsymbol{a}(\theta_s)$ 作为自适应阵列的权矢量时所得到的波束。显然，该波束指向目标信号的方向，我们把这个波束称为静态波束。在没有干扰时，静态波束就是最优的。$G_q(\theta)$ 是把由大特征值对应的特征矢量组合起来的权值 $\boldsymbol{w}_q$ 当作自适应阵列的权矢量时所得到的波束，我们称为特征波束。由式(2.115)可以看出，大特征值所对应的特征矢量可由阵列对干扰信号的导向矢量的线性组合得到，所以用任何一个大特征矢量作为阵列的权值矢量时所得到的波束都包含 N 个波束，分别指向每个干扰信号的方向，即特征波束的每个分量都具有 N 个指向所有干扰方向的波束，所以特征波束也具有 N 个指向所有干扰方向的波束。由式(2.124)可以看出，自适应波束是静态波束与特征波束的差。由上面的分析可知，静态波束可以在目标信号的方向上形成最大响应，而特征波束会在所有干扰的方向上形成最大响应，所以当用静态波束减去特征波束时，会在目标信号的方向上维持最大响应，而在所有干扰的方向上形成零点。这就是自适应阵列之所以能够抑制干扰的内在数学机理。

例如，对于一个 16 元的均匀线阵，目标信号位于 $\theta_s = 10^\circ$ 且信噪比为 10dB，两个不相关的干扰信号分别位于 -30° 和 40°，干噪比都是 30dB，则对协方差矩阵进行特征分解后可得特征值由大到小的分布，如图 2.16(a)所示。由图可见，共有 16 个特征值，其中有 13 个特征值等于噪声功率 1(取对数后为 0)，有 3 个较大的特征值，其中最大的两个对应于两个干扰，剩余的一个对应于目标信号。当用阵列对目标信号的导向矢量作为自适应阵列的权矢量时，所形成的静态波束如图 2.16(b)所示。由图可见，静态波束位于目标信号的方向即 10° 方向上。此处有两个干扰，因而特征波束有两个分量，分别如图 2.16(c)和图 2.16(d)所示。由图可见，特征波束的两个分量都指向两个干扰的方向即 -30° 和 40°。由这两个分量组成的特征波束如图 2.16(e)所示，也是指向两个干扰信号的方向。最终形成的自适应波束如图 2.16(f)所示，由图可见，自适应波束指向目标信号的方向，而在两个干扰的方向上则形成了自适应零点。

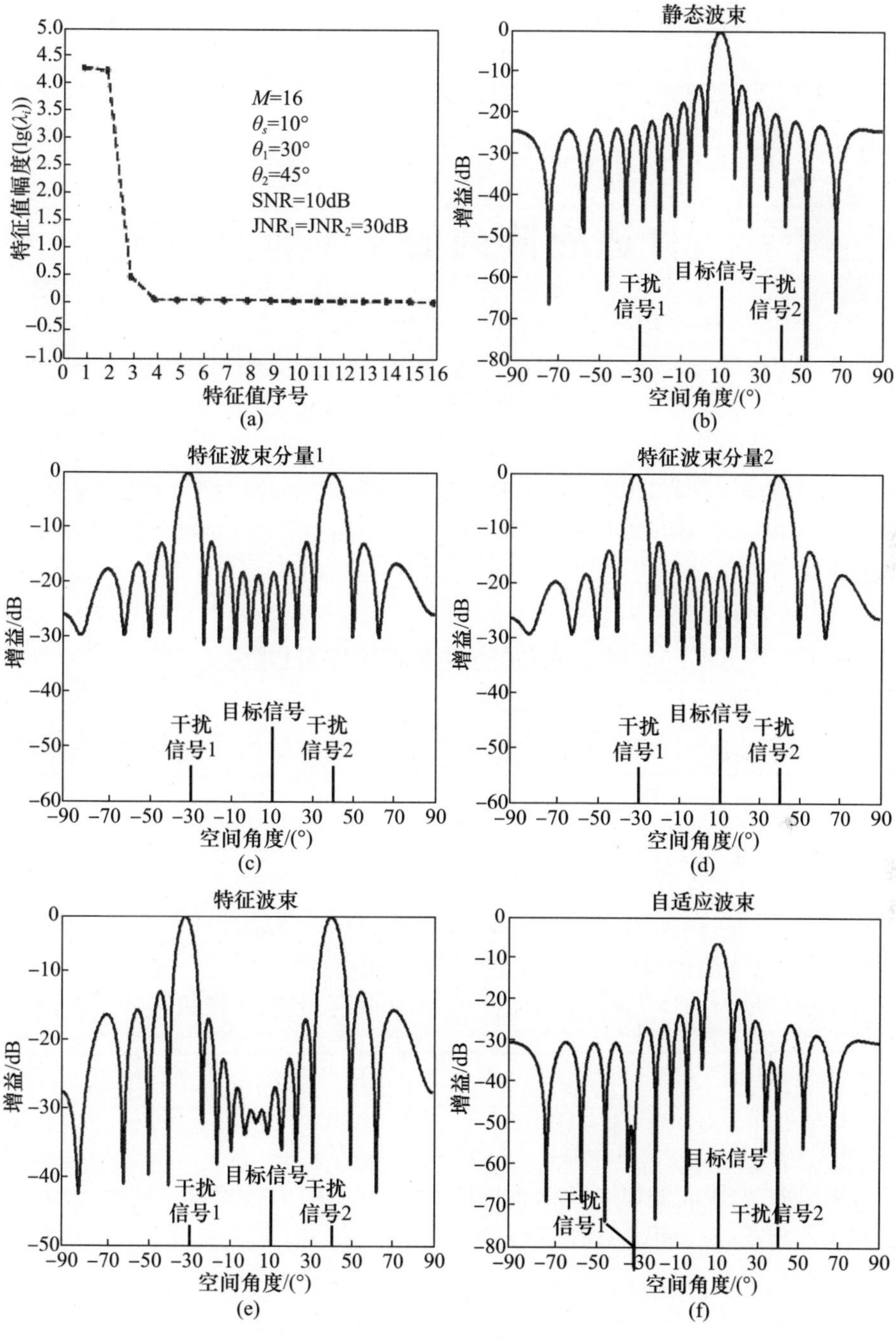

图 2.16　协方差矩阵的特征分析

第 3 章 自适应阵列的基本特点分析

3.1 引　言

本章对自适应阵列的一些基本特性进行分析,包括自由度、目标信号效应和加权方式等,并探讨干扰信号的时间相关性和空间相关性对自适应阵列的影响。这些内容可以为第 5 章即干扰环境下的自适应阵列性能分析奠定基础。

3.2 自适应阵列的自由度

自适应阵列最多能够抑制多少个干扰信号?这就引出了自适应阵列的自由度的概念。

3.2.1 阵列的自由度[5]

数学上,阵列的自由度表征了可以对阵列的权矢量施加的不相关的线性约束条件的个数,也就是在波束图上可以形成零点和极点的个数。

对于权矢量为 $\boldsymbol{w} = [w_1, \cdots, w_M]^{\mathrm{T}}$ 的 M 元线阵,其幅度波束图为

$$f(\theta) = \boldsymbol{w}^{\mathrm{H}}\boldsymbol{a}(\theta) \tag{3.1}$$

式中

$$\boldsymbol{a}(\theta) = [1, \mathrm{e}^{\mathrm{j}\varphi_2(\theta)}, \cdots, \mathrm{e}^{\mathrm{j}\varphi_M(\theta)}]^{\mathrm{T}} \tag{3.2}$$

令 $\varphi_m(\theta)$ 为平面波以 θ 角入射时阵元 m 收到的信号相对于阵元 1 收到的信号的相移。将式(3.2)代入式(3.1),可得

$$\begin{aligned} f(\theta) &= w_1^* + w_2^* \mathrm{e}^{\mathrm{j}\varphi_2(\theta)} + \cdots + w_M^* \mathrm{e}^{\mathrm{j}\varphi_M(\theta)} \\ &= w_1^* \left(1 + \frac{w_2^*}{w_1^*}\mathrm{e}^{\mathrm{j}\varphi_2(\theta)} + \cdots + \frac{w_M^*}{w_1^*}\mathrm{e}^{\mathrm{j}\varphi_M(\theta)}\right) \end{aligned} \tag{3.3}$$

或

$$f^*(\theta) = w_1\left(1 + \frac{w_2}{w_1}\mathrm{e}^{-\mathrm{j}\varphi_2(\theta)} + \cdots + \frac{w_M}{w_1}\mathrm{e}^{-\mathrm{j}\varphi_M(\theta)}\right) \tag{3.4}$$

式中：w_1 与 θ 无关，则波束形状仅取决于 $M-1$ 个系数 $w_2/w_1,\cdots,w_M/w_1$，所以阵列的自由度个数为 $M-1$。

要使 $f(\theta)$ 在 θ_1 方向产生一个波束零点，必须选择 w_i 使

$$f^*(\theta_1) = w_1 + w_2\mathrm{e}^{-\mathrm{j}\varphi_2(\theta)} + \cdots + w_M\mathrm{e}^{-\mathrm{j}\varphi_M(\theta)} = 0 \tag{3.5}$$

从而对权矢量建立一个线性约束，即占用了一个自由度。

对于 M 元阵，可以选择 w_i 使阵列在 $L\leqslant M-1$ 个方向 $\theta_1,\cdots\theta_L$ 同时产生零点，这时会对矢量形成如下 L 个线性约束组成如下的齐次方程组，即

$$\begin{cases} f^*(\theta_1) = w_1 + w_2\mathrm{e}^{-\mathrm{j}\varphi_2(\theta_1)} + \cdots + w_M\mathrm{e}^{-\mathrm{j}\varphi_M(\theta_1)} = 0 \\ \vdots \\ f^*(\theta_L) = w_1 + w_2\mathrm{e}^{-\mathrm{j}\varphi_2(\theta_L)} + \cdots + w_M\mathrm{e}^{-\mathrm{j}\varphi_M(\theta_L)} = 0 \end{cases} \tag{3.6}$$

只有当 $L\leqslant M-1$ 时，齐次方程组才有非零解。由此可见，M 元阵最多只能形成 $M-1$ 个波束零点，即 M 元阵具有 $M-1$ 个自由度。

要求在某个方向 θ_2 产生波束最大值也建立了一个与式(3.5)一样的线性约束方程。因为要在 θ_2 方向产生一个波束最大值，即

$$f(\theta)\big|_{\theta=\theta_2} = f_{\max} \tag{3.7}$$

而波束图是 θ 的连续函数，所以式(3.7)等效于

$$\left.\frac{\mathrm{d}f(\theta)}{\mathrm{d}\theta}\right|_{\theta=\theta_2} = 0 \tag{3.8}$$

由式(3.3)及式(3.8)，可得

$$w_2^*\varphi_2'(\theta_2)\mathrm{e}^{\mathrm{j}\varphi_2(\theta_2)} + \cdots + w_M^*\varphi_M'(\theta_2)\mathrm{e}^{\mathrm{j}\varphi_M(\theta_2)} = 0 \tag{3.9}$$

由式(3.9)可见，要在 θ_2 方向产生最大值，就建立了一个关于 w_i 的齐次线性方程，从而用去了一个自由度。

综上所述，M 元阵有 $M-1$ 个自由度，可以形成 L_1 个波束零点和 $L_2=M-1-L_1$ 个波束最大值。对于典型的雷达应用，通常只需要形成一个波束最大值即主波束，故 L_2 的典型取值是1。

3.2.2 旁瓣对消系统和自适应置零阵的自由度

对于旁瓣对消系统，其主通道一般是不能加权的。或者说，主通道的权值恒为

1,只有辅助阵的权值是可变的。设辅助通道的个数为 $M-1$,则包括主通道在内的整个阵列的权矢量可以写为

$$\begin{aligned} \boldsymbol{w} &= [w_1', w_2', \cdots, w_M']^{\mathrm{T}} \\ &= w_1' \left[1, \frac{w_2'}{w_1'}, \cdots, \frac{w_M'}{w_1'}\right]^{\mathrm{T}} \\ &= w_1' [1, w_2, \cdots, w_M]^{\mathrm{T}} \end{aligned} \tag{3.10}$$

由式(3.10)可以看出,主通道的权值恒为1可以看作是所有的权值被主通道的权值归一化后产生的结果。因此,旁瓣对消系统的主通道不能代表一个自由度,所以旁瓣对消系统的自由度应当就是辅助通道的个数,即 $M-1$ 。

对于 M 元的自适应置零阵,由前面的分析很容易得出其自由度为 $M-1$ 。

工程中,不论是旁瓣对消系统还是自适应置零阵,可以达到的自由度数是比较有限的。一方面是由于自由度的增加会导致运算量的增加,从而会降低自适应的速度;另一方面是自适应阵列要满足窄带条件,即

$$B/f_0 << \lambda/\Delta \tag{3.11}$$

式中:Δ 为阵列在信号入射方向 θ 上的尺寸,即

$$\Delta = D\sin\theta \tag{3.12}$$

式中:D 为阵列的真实长度,对于间距为 d 的 M 元均匀线阵,有

$$D = (M-1)d \tag{3.13}$$

当阵元间距取为 $\lambda/2$ 时,将式(3.12)和式(3.13)代入式(3.11),可得

$$M-1 << \frac{2f_0}{B\sin\theta} \tag{3.14}$$

由此可见,自适应阵列的自由度是受到严格约束的,因而取值是很有限的。以文献[27]中的X波段雷达自适应置零阵为例,该雷达工作于X波段(9.0~9.5GHz),信号带宽500MHz,则由式(3.14)可得

$$(M-1) << \frac{36}{\sin\theta} \tag{3.15}$$

当干扰信号的最大入射角度为90°时,有

$$(M-1) << 36 \tag{3.16}$$

则该系统的自由度最大可以取到3.6,实际上该系统的自由度为4,这是因为该系统所要对付的干扰的入射角度是小于90°的。

3.2.3 结论

自由度表征了自适应阵列的波束可以形成的零点和极点的个数。工程中自适应阵列受到窄带条件和实际天线尺寸的限制，能够达到的自由度是比较有限的。

3.3 目标信号效应

在第 2 章对自适应阵列的讨论中，对输入矢量有 3 个重要的假设条件：一是假设干扰信号的功率远远强于目标信号的功率，因而目标信号是可以忽略的；二是假设干扰与目标信号不相关且多个干扰源之间也不相关；三是假设干扰和目标信号都与噪声不相关，通道间的噪声也不相关。第三条假设一般是符合工程实际的。第一条和第二条假设有在有些情况下是不成立的。本节讨论第一条假设不满足时给自适应阵列带来的影响。

基于第一条假设，我们对阵列的输入矢量做了如下近似，即

$$\boldsymbol{x} = \boldsymbol{s} + \boldsymbol{j} + \boldsymbol{n} \approx \boldsymbol{j} + \boldsymbol{n} \tag{3.17}$$

在此基础上，我们在不同的最优准则下，推导出了自适应阵列的权矢量的表达式。但是，当目标信号不可忽略时，目标信号的存在会导致自适应阵列的性能下降，这种现象称为目标信号效应[3]。

3.3.1 旁瓣对消系统的目标信号效应[28]

在旁瓣对消系统中，由于主天线是高增益的定向天线，而辅助天线一般是增益与主天线的旁瓣电平相近的全向小天线，主天线的主瓣相对于旁瓣的增益一般为 13 ~ 30dB。因此，主通道中收到的目标信号的功率要比辅助通道中收到的目标信号的功率强 13 ~ 30dB。如果我们设定目标信号的功率比干扰功率低 13dB 时目标信号可以忽略：那么，当辅助通道中的目标信号不可忽略时，意味着辅助通道中的干信比（JSR）满足 $\mathrm{JSR}_a < 13\mathrm{dB}$；那么，主通道中的干信比应当满足 $-17\mathrm{dB} < \mathrm{JSR}_m < 0$。由此可见，此时主通道中的干扰功率在目标信号功率以下，没有必要采取旁瓣对消措施，从而也就无从考虑目标信号效应了。所以我们只考虑当主通道中的目标信号不可忽略（即 $\mathrm{JSR}_m < 13\mathrm{dB}$）时的目标信号效应，此时，辅助通道中的干信比满足 $26\mathrm{dB} < \mathrm{JSR}_a < 43\mathrm{dB}$。显然，此时辅助通道中的目标信号仍然是可以忽略的。

旁瓣对消系统的权值表达式为

$$\boldsymbol{w}_{\text{opt}} = \alpha \boldsymbol{R}_{xx}^{-1} \boldsymbol{r}_{xy} \tag{3.18}$$

由此可见,权值主要由辅助阵的自相关矩阵和辅助阵与主通道的互相关矢量决定。由前面的分析可知,目标信号效应对辅助阵的输入矢量 $\boldsymbol{x}$ 及其自相关矩阵 $\boldsymbol{R}_{xx}$ 的影响是可以忽略的,而只有 $\boldsymbol{r}_{xy}$ 会受到目标信号效应的影响。

当不存在目标信号效应时,即式(3.17)成立时,旁瓣对消系统的权矢量为

$$\boldsymbol{w}_0 = \alpha \boldsymbol{R}_{xx}^{-1} \boldsymbol{r}_{j+n,y} \tag{3.19}$$

当主通道中的目标信号不可忽略时,权矢量变为

$$\begin{aligned}\boldsymbol{w}_1 &= \alpha \boldsymbol{R}_{xx}^{-1} \boldsymbol{r}_{s+j+n,y} \\ &= \alpha \boldsymbol{R}_{xx}^{-1} E\{(\boldsymbol{s} + \boldsymbol{j} + \boldsymbol{n})(s_0 + j_0 + n_0)^{\text{H}}\} \\ &= \alpha \boldsymbol{R}_{xx}^{-1} E\{(\boldsymbol{j} + \boldsymbol{n})(s_0 + j_0 + n_0)^{\text{H}} + \boldsymbol{s}(s_0 + j_0 + n_0)^{\text{H}}\} \\ &= \alpha \boldsymbol{R}_{xx}^{-1} \boldsymbol{r}_{j+n,y} + \alpha \boldsymbol{R}_{xx}^{-1} E\{s_0 \boldsymbol{s}\}\end{aligned} \tag{3.20}$$

令

$$\Delta \boldsymbol{w} = \alpha \boldsymbol{R}_{xx}^{-1} E\{s_0 \boldsymbol{s}\} \tag{3.21}$$

则

$$\boldsymbol{w}_1 = \boldsymbol{w}_0 + \Delta \boldsymbol{w} \tag{3.22}$$

由式(3.22)可见,存在目标信号效应时的权矢量是无目标信号效应时的权矢量与一个误差矢量之和。即目标信号效应给权矢量引入了一个误差矢量。

下面我们以单辅助通道的旁瓣对消系统为例,分析目标信号效应对旁瓣对消系统性能即干扰对消比的影响,旁瓣对消系统干扰对消比为

$$\text{CR} = \frac{E\{|j_0|^2\}}{E\{|j_0 - \boldsymbol{w}^{\text{H}} \boldsymbol{j}|^2\}} \tag{3.23}$$

当不存在目标信号效应时,算出的权矢量为 $\boldsymbol{w}_0$,此时的干扰对消比为

$$\text{CR}_0 = \frac{E\{|j_0|^2\}}{E\{|j_0 - \boldsymbol{w}_0^{\text{H}} \boldsymbol{j}|^2\}} \tag{3.24}$$

当存在目标信号效应时,将式(3.22)所示的权矢量表达式代入式(3.23)可得出干扰对消比为

$$\begin{aligned}\text{CR}_1 &= \frac{E\{|j_0|^2\}}{E\{|j_0 - (\boldsymbol{w}_0 + \Delta \boldsymbol{w})^{\text{H}} \boldsymbol{j}|^2\}} \\ &= \frac{E\{|j_0|^2\}}{E\{|j_0 - \boldsymbol{w}_0^{\text{H}} \boldsymbol{j} + \Delta \boldsymbol{w}_0^{\text{H}} \boldsymbol{j}|^2\}}\end{aligned} \tag{3.25}$$

因为 $\boldsymbol{w}_0$ 是在无目标信号效应时算出的,因而可以认为此权值可以近似实现完全对消,即

$$j_0 - \boldsymbol{w}_0^{\mathrm{H}}\boldsymbol{j} \approx 0 \tag{3.26}$$

将式(3.26)代入式(3.25),可得

$$\mathrm{CR}_1 \approx \frac{E[\,|j_0|^2\,]}{E[\,|\Delta\,\boldsymbol{w}^{\mathrm{H}}\boldsymbol{j}|^2\,]} \tag{3.27}$$

当系统只有一个辅助通道时,式(3.27)变为

$$\mathrm{CR}_1 \approx \frac{E\{\,|j_0|^2\}}{E\left\{\left|\dfrac{E^*[s_0{}^* s_1]}{E^*[\,|j_1|^2]}j_1\right|^2\right\}} = \frac{E\{\,|j_0|^2\}E\{\,|j_1|^2\}}{E\{\,|s_0|^2\ |s_1|^2\}} \tag{3.28}$$

式中:s_1 和 j_1 分别为辅助通道收到的目标信号和干扰信号。

设主天线的主瓣相对于辅助天线的功率增益为 A,则

$$|s_0|^2 = A\ |s_1|^2 \tag{3.29}$$

将式(3.29)代入式(3.28),可得

$$\begin{aligned}\mathrm{CR}_1 &\approx \frac{E\{\,|j_0|^2\}E\{\,|j_1|^2\}}{E\{A\ |s_1|^4\}} \\ &= \frac{E\{\,|j_0|^2\}}{E\{\,|s_0|^2\}}\cdot\frac{E\{\,|j_1|^2\}}{E\{\,|s_1|^2\}} = \mathrm{JSR}_0\cdot\mathrm{JSR}_1\end{aligned} \tag{3.30}$$

式中:JSR_0 为主通道的干信比;JSR_1 为辅助通道的干信比。

由式(3.30)可见,目标信号效应下的干扰对消比为主通道与辅助通道的干信比之积,可将此定义为系统干信比。写成分贝形式则为二者之和,即

$$(\mathrm{CR})_{\mathrm{dB}} = (\mathrm{JSR}_0)_{\mathrm{dB}} + (\mathrm{JSR}_1)_{\mathrm{dB}} \tag{3.31}$$

旁瓣对消系统的主天线是高增益的方向性天线,设其功率方向图是 $G(\theta)$,由于主通道收到的目标信号是由主瓣进入的,即目标信号的入射角为 $\theta_0 = 0°$,目标信号可以获得的功率增益是 $G_0 = G(\theta_0)$,是一个常数;干扰信号是由旁瓣进入的,设其入射角为 θ_1 ,则干扰信号可以获得的功率增益是 $G(\theta_1)$,是 θ_1 的函数。综上所述,主通道收到的目标信号相对于干扰信号的功率增益为

$$\Delta G = G_0 - G(\theta_1) \tag{3.32}$$

旁瓣对消系统的辅助天线一般是等增益的小天线,所以辅助通道的目标信号和干扰信号获得的功率增益是相同的,则主通道的干信比可以写为

$$(\mathrm{JSR}_0)_{\mathrm{dB}} = (\mathrm{JSR}_1)_{\mathrm{dB}} - \Delta G \tag{3.33}$$

将式(3.33)代入式(3.31),可得对消比为

$$\begin{aligned}(\mathrm{CR})_{\mathrm{dB}} &\approx 2\,(\mathrm{JSR}_1)_{\mathrm{dB}} - \Delta G \\ &= 2\,(\mathrm{JSR}_1)_{\mathrm{dB}} - G_0 + G(\theta_1)\end{aligned} \tag{3.34}$$

由式(3.34)可以看出,对消比只与辅助通道的干信比和干扰信号的入射方向 θ_1 有关,而当干扰信号的方向一定时,对消比只取决于辅助通道的干信比。

依式(3.33)可以画出不同的 ΔG 下,实际对消比与辅助通道的干信比 $(\mathrm{JSR}_1)_{\mathrm{dB}}$ 的关系曲线,如图3.1所示。

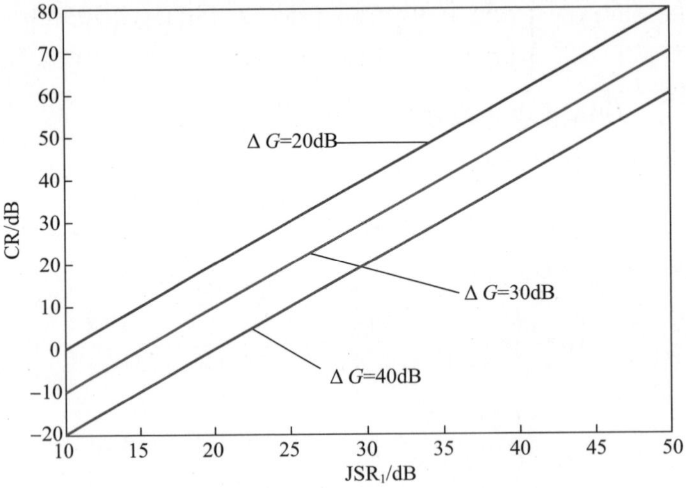

图3.1　不同的 ΔG 下的旁瓣对消系统的对消比

由图3.1可以看出,当干扰的入射方向 θ_1 一定时,即 ΔG 一定时,系统的实际对消比只取决于辅助通道的 $(\mathrm{JSR}_1)_{\mathrm{dB}}$,即辅助通道的干信比越高,对消比就越高。在干扰功率一定时,辅助通道的干信比只取决于目标信号的强度。目标信号越强,辅助通道的干信比越低,系统的实际对消比也越低,此时的目标信号效应对系统的对消性能影响越大;目标信号越弱,辅助通道的干信比越高,系统的实际对消比就越高,此时的目标信号效应对系统的对消性能影响越小。

对只有一个辅助通道的旁瓣对消系统进行仿真,以主辅通道连线的法线方向为0°方向,所采用的主天线方向图如图3.2所示,主瓣位于0°方向,增益 $G_0 = 30\mathrm{dB}$,第一旁副瓣位于±14°,增益为0。辅助天线采用在±90°范围内等增益的小天线。主辅天线相位中心的间距取为一个波长。目标信号从主瓣方向即0°入射,干扰信号从第一旁瓣即 $\theta_1 = 14°$ 方向入射,主天线对干扰信号的功率增益 $G(\theta_1) = 0$。

为了便于说明问题，目标信号和干扰信号均采用正弦连续波。用式(3.20)求权并进行对消，可以得出对应于不同的辅助通道的干信比(不同的目标信号强度下)的实际对消比(CR)，如图3.3中实线所示，而对应的系统干信比如图3.3中由“＊”组成的线所示。由图可见，两条线基本重合在一起，说明系统的实际对消比确实近似为系统干信比，而且目标信号越强(辅助通道的干信比越低)时，系统的对消比越低，对消性能受目标信号效应的影响越大；目标信号越弱(辅助通道的干信比越高)时，系统的对消比越高，对消性能受目标信号效应的影响越弱。由图还可以看出，当目标信号足够强而导致辅助通道的$(JSR_1)_{dB}<15dB$时，系统的CR<0。也就是说，此时的旁瓣对消系统非但没有起到对消干扰的作用，反而使干扰增强了。只有当目标信号的功率比较弱从而使辅助通道的$(JSR_1)_{dB}>15dB$时，旁瓣对消系统才能起到对消干扰的作用，即CR>0。这也符合前面分析出的结论，即系统的实际对消比约等于系统干信比。因为此时的系统干信比为

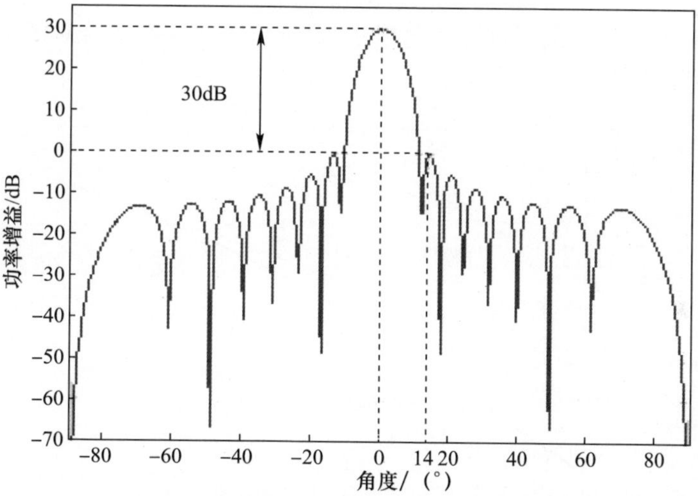

图3.2　旁瓣对消系统的主天线方向图

$$
\begin{aligned}
(JSR)_{dB} &= 2\,(JSR_1)_{dB} - G_0 + G(\theta_1) \\
&= 2\,(JSR_1)_{dB} - 30dB
\end{aligned}
\tag{3.35}
$$

当辅助通道的$(JSR_1)_{dB}>15dB$时，系统的$(JSR)_{dB}>0dB$；当辅助通道的$(JSR_1)_{dB}<15dB$时，系统的$(JSR)_{dB}<0dB$。由此可见，理论分析与仿真结果一致。

在相同的仿真条件下，还可以画出不同的目标信号强度下，无目标信号效应时的理想对消比曲线和实际对消比曲线，如图3.4所示。由图可见，目标信号较强，即辅助通道的干信比较低时，实际对消比远远小于理想的对消比，即目标信号效应对旁瓣对消系统性能的影响较明显；当目标信号越弱时，即辅助通道的干信比越大

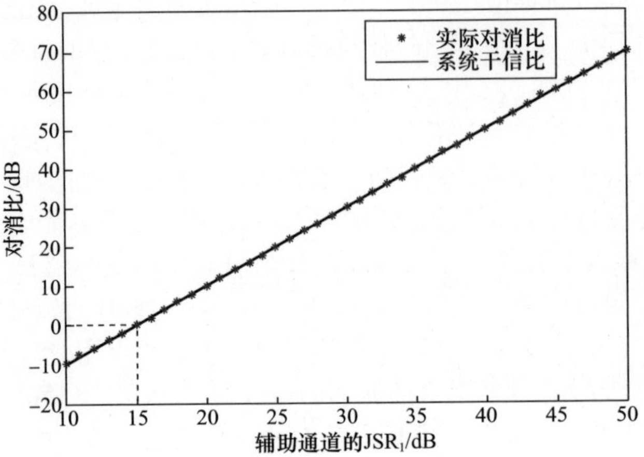

图 3.3　对消比的仿真结果与理论值

时，实际的对消比越接近于理想的对消比，目标信号效应对系统对消性能的影响越弱。与前面分析出的结论是一致的。

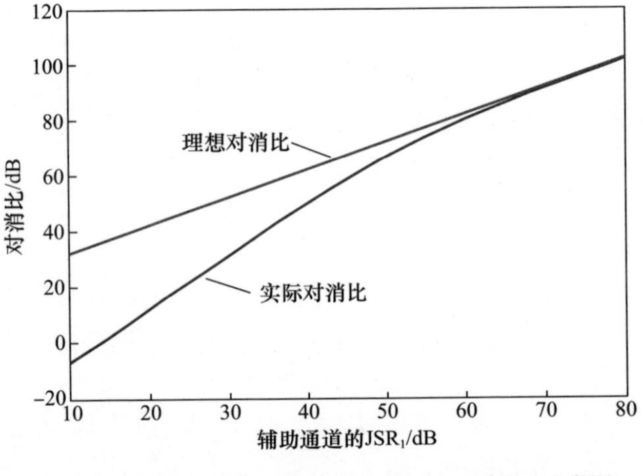

图 3.4　旁瓣对消系统的理想对消和实际对消比(见彩图)

综上所述，当干扰的功率和方向一定时，目标信号效应对旁瓣对消系统性能的影响程度取决于目标信号的功率，目标信号越弱，对旁瓣对消系统性能的影响越不明显。目标信号越强，目标信号效应对旁瓣对消系统性能的影响越明显，甚至导致旁瓣对消系统的对消性能显著恶化，起到加强干扰的作用。因此，在工程应用中要十分重视目标信号效应的影响。例如，雷达每次发射开始的一段时间内，强的固定目标回波会进入天线系统，而此时如果采用旁瓣对消，其对消性能就有可能急剧恶化甚至于起到相反的作用，即增强了干扰。为了避免这种情况的发生，应当在每次发射后的一段时间内切断辅助天线系统的输出。

3.3.2　自适应置零阵的目标信号效应

由 2.5.3 节的讨论可知，自适应置零阵的权矢量为

$$\boldsymbol{w}_{\text{opt}} = \alpha \boldsymbol{R}_{xx}^{-1}\boldsymbol{a} \tag{3.36}$$

当忽略目标信号，即采用式(3.17)的近似时，有

$$\boldsymbol{R}_{xx} = E\{[\boldsymbol{j}+\boldsymbol{n}][\boldsymbol{j}+\boldsymbol{n}]^{\text{H}}\} = \boldsymbol{R}_{j+n,\,j+n} \tag{3.37}$$

即忽略目标信号时的权值表达式为

$$\boldsymbol{w}_{\text{opt}} = \alpha \boldsymbol{R}_{j+n,\,j+n}^{-1}\boldsymbol{a} \tag{3.38}$$

当目标信号存在且不可忽略时，有

$$\boldsymbol{R}_{xx} = E\{[\boldsymbol{s}+\boldsymbol{j}+\boldsymbol{n}][\boldsymbol{s}+\boldsymbol{j}+\boldsymbol{n}]^{\text{H}}\} \tag{3.39}$$

由第二条假设和第三条假设可知，目标信号、干扰信号和噪声互不相关，则

$$\boldsymbol{R}_{xx} = E\{\boldsymbol{s}\boldsymbol{s}^{\text{H}}\} + \boldsymbol{R}_{j+n,\,j+n} = \boldsymbol{R}_{ss} + \boldsymbol{R}_{j+n,\,j+n} \tag{3.40}$$

由 $\boldsymbol{s} = s(n)\boldsymbol{a}$，可得

$$\boldsymbol{R}_{ss} = P_s\boldsymbol{a}\boldsymbol{a}^{\text{H}} \tag{3.41}$$

式中：P_s 为目标信号的功率。

将式(3.41)代入式(3.40)，可得

$$\boldsymbol{R}_{xx} = P_s\boldsymbol{a}\boldsymbol{a}^{\text{H}} + \boldsymbol{R}_{j+n,\,j+n} \tag{3.42}$$

由矩阵求逆引理

$$(\boldsymbol{A}+\boldsymbol{b}\boldsymbol{b}^{\text{H}})^{-1} = \boldsymbol{A}^{-1} - \frac{\boldsymbol{A}^{-1}\boldsymbol{b}\boldsymbol{b}^{\text{H}}\boldsymbol{A}^{-1}}{1+\boldsymbol{b}^{\text{H}}\boldsymbol{A}^{-1}\boldsymbol{b}} \tag{3.43}$$

可得

$$\boldsymbol{R}_{xx}^{-1} = \boldsymbol{R}_{j+n,\,j+n}^{-1} + \frac{P_s\boldsymbol{R}_{j+n,\,j+n}^{-1}\boldsymbol{a}\boldsymbol{a}^{\text{H}}\boldsymbol{R}_{j+n,\,j+n}^{-1}}{1+P_s\boldsymbol{a}^{\text{H}}\boldsymbol{R}_{j+n,\,j+n}^{-1}\boldsymbol{a}} \tag{3.44}$$

则

$$\begin{aligned}
\boldsymbol{R}_{xx}^{-1}\boldsymbol{a} &= \boldsymbol{R}_{j+n,\,j+n}^{-1}\boldsymbol{a} + \frac{P_s\boldsymbol{R}_{j+n,\,j+n}^{-1}\boldsymbol{a}\boldsymbol{a}^{\text{H}}\boldsymbol{R}_{j+n,\,j+n}^{-1}\boldsymbol{a}}{1+P_s\boldsymbol{a}^{\text{H}}\boldsymbol{R}_{j+n,\,j+n}^{-1}\boldsymbol{a}} \\
&= \boldsymbol{R}_{j+n,\,j+n}^{-1}\boldsymbol{a}\left(1+\frac{P_s\boldsymbol{a}^{\text{H}}\boldsymbol{R}_{j+n,\,j+n}^{-1}\boldsymbol{a}}{1+P_s\boldsymbol{a}^{\text{H}}\boldsymbol{R}_{j+n,\,j+n}^{-1}\boldsymbol{a}}\right) \\
&= \mu\boldsymbol{R}_{j+n,\,j+n}^{-1}\boldsymbol{a}
\end{aligned} \tag{3.45}$$

式中

$$\mu = 1 + \frac{P_s \boldsymbol{a}^{\mathrm{H}} \boldsymbol{R}_{j+n,\,j+n}^{-1} \boldsymbol{a}}{1 + P_s \boldsymbol{a}^{\mathrm{H}} \boldsymbol{R}_{j+n,\,j+n}^{-1} \boldsymbol{a}} \tag{3.46}$$

是一个标量。

将式(3.45)代入式(3.36),可得权矢量为

$$\boldsymbol{w}_{\mathrm{opt}} = \alpha\mu \boldsymbol{R}_{j+n,\,j+n}^{-1} \boldsymbol{a} = \alpha' \boldsymbol{R}_{j+n,\,j+n}^{-1} \boldsymbol{a} \tag{3.47}$$

式中:$\alpha' = \alpha\mu$ 仍是一个常数。

式(3.47)与无目标信号时的权值表达式是完全一致的,也就是说,在理想的情况下,目标信号的存在对自适应置零阵的性能是没有影响的。

但是,在实际的自适应置零阵中,总是存在着信号失配[26],因为最优权矢量的表达式中所使用的导向矢量 $\boldsymbol{a}$ 是根据阵列的结构和对目标方向的估计所构造的导向矢量,与阵列对目标信号的真实导向矢量之间往往存在差异。信号失配主要源于两个方面:一是阵列本身的各个阵元间的幅相不一致性和阵列位置的误差;二是对目标信号方向的估计误差。信号失配的存在会造成自适应置零阵的性能损失。

先考虑不存在信号失配时自适应置零阵的性能,设阵列对目标信号的真实导向矢量为 $\boldsymbol{a}_s$,则

$$\boldsymbol{w}_0 = \frac{\boldsymbol{R}_{j+n,\,j+n}^{-1} \boldsymbol{a}_s}{\boldsymbol{a}_s^{\mathrm{H}} \boldsymbol{R}_{j+n,\,j+n}^{-1} \boldsymbol{a}_s} \tag{3.48}$$

可以推出此时自适应置零阵的输出信干噪比(JNR)为

$$\mathrm{SJNR}_0 = \frac{E[\,|\boldsymbol{w}_0^{\mathrm{H}} \boldsymbol{s}|^2\,]}{\boldsymbol{w}_0^{\mathrm{H}} \boldsymbol{R}_{j+n,\,j+n} \boldsymbol{w}_0} = P_s \boldsymbol{a}_s^{\mathrm{H}} \boldsymbol{R}_{j+n,\,j+n}^{-1} \boldsymbol{a}_s \tag{3.49}$$

下面考虑不存在目标信号时的信号失配造成的性能损失,设构造的导向矢量为 $\boldsymbol{a}(\boldsymbol{a} \neq \boldsymbol{a}_s)$,则求出的权值为

$$\boldsymbol{w}_1 = \frac{\boldsymbol{R}_{j+n,\,j+n}^{-1} \boldsymbol{a}}{\boldsymbol{a}^{\mathrm{H}} \boldsymbol{R}_{j+n,\,j+n}^{-1} \boldsymbol{a}} \tag{3.50}$$

可以推出此时自适应置零阵的输出信干噪比为

$$\begin{aligned} \mathrm{SJNR}_1 &= \frac{E[\,|\boldsymbol{w}_1^{\mathrm{H}} \boldsymbol{s}|^2\,]}{\boldsymbol{w}_1^{\mathrm{H}} \boldsymbol{R}_{j+n,\,j+n} \boldsymbol{w}_1} = P_s \frac{|\boldsymbol{a}^{\mathrm{H}} \boldsymbol{R}_{j+n,\,j+n}^{-1} \boldsymbol{a}_s|^2}{\boldsymbol{a}^{\mathrm{H}} \boldsymbol{R}_{j+n,\,j+n}^{-1} \boldsymbol{a}} \\ &= P_s \boldsymbol{a}_s^{\mathrm{H}} \boldsymbol{R}_{j+n,\,j+n}^{-1} \boldsymbol{a}_s \frac{|\boldsymbol{a}^{\mathrm{H}} \boldsymbol{R}_{j+n,\,j+n}^{-1} \boldsymbol{a}_s|^2}{(\boldsymbol{a}^{\mathrm{H}} \boldsymbol{R}_{j+n,\,j+n}^{-1} \boldsymbol{a})(\boldsymbol{a}_s^{\mathrm{H}} \boldsymbol{R}_{j+n,\,j+n}^{-1} \boldsymbol{a}_s)} \\ &= \mathrm{SJNR}_0 \cdot \cos(\boldsymbol{a}, \boldsymbol{a}_s; \boldsymbol{R}_{j+n,\,j+n}^{-1}) \end{aligned} \tag{3.51}$$

式中：cos(·)的定义可表示为

$$\cos(\boldsymbol{a},\boldsymbol{b};\boldsymbol{Z}) = \frac{|\boldsymbol{a}^{\mathrm{H}}\boldsymbol{Z}\boldsymbol{b}|^2}{(\boldsymbol{a}^{\mathrm{H}}\boldsymbol{Z}\boldsymbol{a})(\boldsymbol{b}^{\mathrm{H}}\boldsymbol{Z}\boldsymbol{b})} \tag{3.52}$$

表示被矩阵 $\boldsymbol{Z}$ 加权的两个矢量 $\boldsymbol{a}$ 和 $\boldsymbol{b}$ 之间的广义角的余弦，由 Schwartz 不等式可以证明

$$0 \leqslant \cos(\boldsymbol{a},\boldsymbol{b};\boldsymbol{Z}) \leqslant 1 \tag{3.53}$$

则式(3.51)可以重新写为

$$\mathrm{SJNR}_1 = \mathrm{SJNR}_0 \cdot L_{sm} \tag{3.54}$$

这里，我们定义由信号失配造成的损失为

$$L_{sm} = \cos(\boldsymbol{a},\boldsymbol{a}_s;\boldsymbol{R}_{j+n,j+n}^{-1}) \tag{3.55}$$

下面考虑存在目标信号时的自适应置零阵的性能损失，此时自适应置零阵的权矢量为

$$\boldsymbol{w}_2 = \frac{\boldsymbol{R}_{xx}^{-1}\boldsymbol{a}}{\boldsymbol{a}^{\mathrm{H}}\boldsymbol{R}_{xx}^{-1}\boldsymbol{a}} \tag{3.56}$$

自适应置零阵的输出信干噪比为

$$\begin{aligned}\mathrm{SJNR}_2 &= \frac{E[|\boldsymbol{w}_2^{\mathrm{H}}\boldsymbol{s}|^2]}{\boldsymbol{w}_2^{\mathrm{H}}\boldsymbol{R}_{j+n,j+n}\boldsymbol{w}_2} = P_s\frac{|\boldsymbol{a}^{\mathrm{H}}\boldsymbol{R}_x^{-1}\boldsymbol{a}_s|^2}{\boldsymbol{a}^{\mathrm{H}}\boldsymbol{R}_x^{-1}\boldsymbol{R}_{j+n,j+n}\boldsymbol{R}_x^{-1}\boldsymbol{a}} \\ &= \frac{\mathrm{SJNR}_1}{1+(2\mathrm{SJNR}_0+\mathrm{SJNR}_0^2)\cdot\sin^2(\boldsymbol{a},\boldsymbol{a}_s;\boldsymbol{R}_{j+n,j+n}^{-1})} = \mathrm{SJNR}_0\cdot L_{sm}\cdot L_{sp}\end{aligned} \tag{3.57}$$

式中：sin(·)为计算 $\boldsymbol{a}$ 和 $\boldsymbol{a}_s$ 之间的广义角的正弦，且与式中的 cos(·)具有如下关系，即

$$\sin^2(\boldsymbol{a},\boldsymbol{a}_s;\boldsymbol{R}_{j+n,j+n}^{-1}) = 1-\cos^2(\boldsymbol{a},\boldsymbol{a}_s;\boldsymbol{R}_{j+n,j+n}^{-1}) \tag{3.58}$$

由此可见，由于目标信号的存在，使自适应置零阵在信号失配的情况下产生了额外的性能损失 L_{sp}，即

$$L_{sp} = \frac{\mathrm{SJNR}_1}{1+(2\mathrm{SJNR}_0+\mathrm{SJNR}_0^2)\sin^2(\boldsymbol{a},\boldsymbol{a}_s;\boldsymbol{R}_{j+n,j+n}^{-1})} \tag{3.59}$$

由式(3.59)分母中包含的 SJNR_0 和 SJNR_0^2 可知，由目标信号引起的性能损失 L_{sp} 高度依赖于信号的功率 P_s。实际上，当存在强的目标信号时，性能损失对信号失配有很高的灵敏度。也就是说，自适应置零阵中也存在信号效应，而且这种效应是通过信号失配来发挥作用的。

对于16元的均匀线阵,考虑3个干扰源,角度分别为5°、20°和-30°,干噪比分别为25dB、35dB和50dB,噪声为单位功率,信噪比在-10~30dB的范围内变化。阵列的瞄准方向为0°,只考虑由于对目标信号的估计不准确所造成的信号失配。当真实的目标信号位于-1°时,自适应置零阵的输出信干噪比如图3.5(a)所示。由图可见,当不存在目标信号时,信号失配对输出信干噪比的影响是可以忽略的。当存在目标信号时,自适应置零阵的输出信干噪比出现了非常明显的衰落,而且目标信号越强这种衰落越严重。信号失配损失 L_{sm} 和由目标信号引起的性能损失 L_{sp} 如图3.5(b)所示,由图可见,不存在目标信号时仅由信号失配所引起的损耗 L_{sm} 近似为0,即可以忽略。而当存在目标信号时,由目标信号引起的额外损失 L_{sp} 则是不可忽略的,而且目标信号越强时, L_{sp} 越大。不存在目标信号时的自适应波束如图3.6(a)所示。由图可见,此时的自适应波束仍能在真实的目标信号方向-1°上保持较大的增益。同时,在3个干扰的方向上形成了较深的零点。当存在目标信号效应时的自适应波束如图3.6(b)所示,由图可见,由于目标信号效应,此时的自适应波束在真实的目标信号方向-1°上也形成了超过-50dB的零陷,即对目标信号产生了严重的抑制。在3个干扰方向上虽然也形成了零陷,但其零陷深度相对于图3.6(a)有了不同程度的变浅,即目标信号效应不仅使目标信号受到了严重的抑制,还使得自适应置零阵对干扰的抑制能力变弱了。

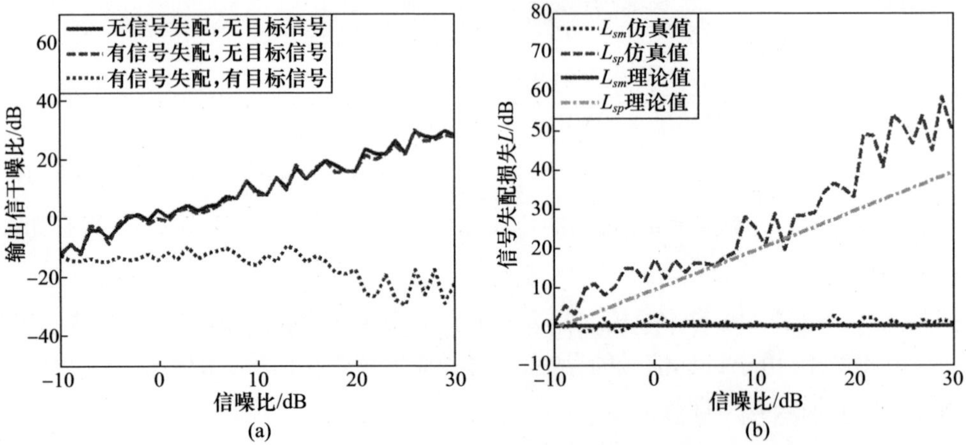

图3.5　自适应置零阵的输出信干噪比和信号失配损失(见彩图)

当真实的目标信号位于-2°时,自适应置零阵的输出信干噪比如图3.7(a)所示,信号失配损失 L_{sm} 和由目标信号引起的性能损失 L_{sp} 如图3.7(b)所示。不存在目标信号时的自适应波束如图3.8(a)所示,存在目标信号时的自适应波束如图3.8(b)所示。与真实目标位于-1°时有相似的现象和结论。

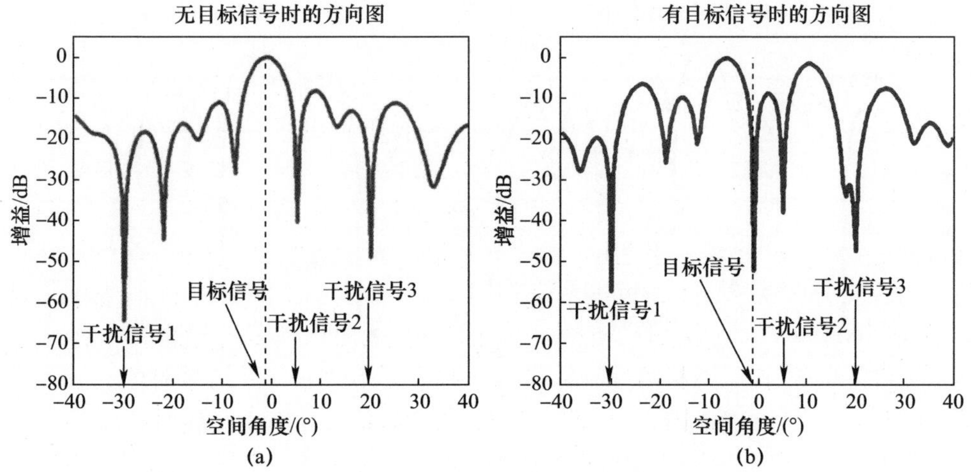

图 3.6　自适应置零阵的自适应波束

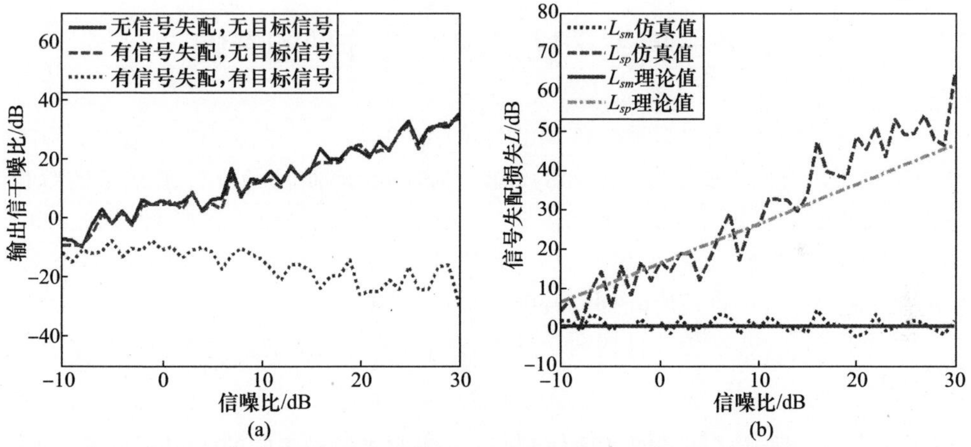

图 3.7　自适应置零阵的输出信干噪比和信号失配损失(见彩图)

3.3.3　结论

目标信号效应在旁瓣对消系统和自适应置零阵中的作用方式不同。在旁瓣对消系统中,目标信号效应会导致系统的对消比下降,而且目标信号越强,这种效应越明显。对于自适应置零阵,目标信号的存在理论上并不会影响其性能,但是由于工程中的信号失配是不可避免的,存在信号失配时目标信号效应会导致自适应置零阵的性能损失。目标信号越强,性能损失就越严重;信号失配越严重,性能损失就越严重。

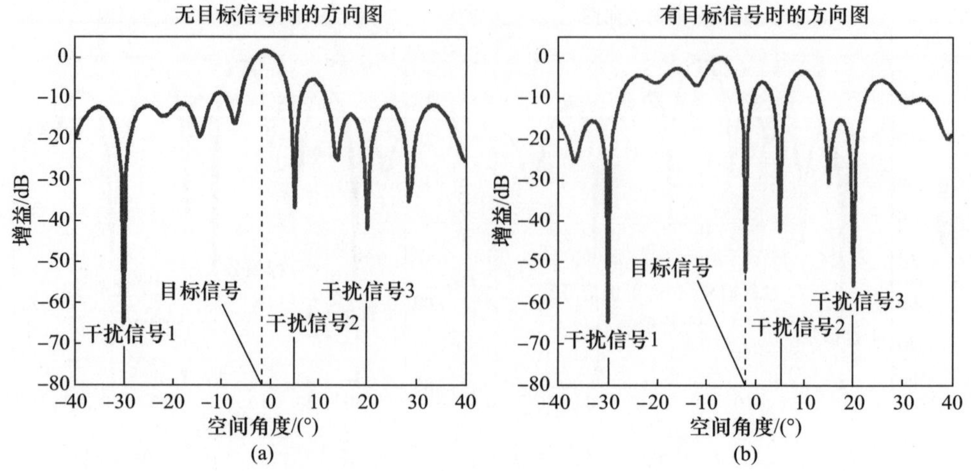

图 3.8 自适应置零阵的自适应波束

3.4 相关干扰对自适应阵列的影响

如 3.3 节所述,在对自适应阵列的讨论中对其输入矢量做了 3 个假设,其中第一条假设不成立时,对自适应阵列的性能的影响在前面已经进行了详尽的分析。第二条假设包含了两个条件:干扰信号与目标信号不相关,而且多个干扰源之间也不相关。本节讨论当这条假设不成立时,即干扰信号与目标信号相关或多个干扰信号之间相关时,对自适应阵列的性能造成的影响。

两个信号 s_1 和 s_2 相关是指两个信号之间有相对固定的幅度和相位关系,即

$$s_1 = \alpha e^{j\varphi} s_2 \tag{3.60}$$

式中:α 为两个信号之间的幅度比例常数;φ 为两个信号之间的固定相位差。两个信号之间的相关系数定义为[29]

$$\rho = \frac{E[s_1 s_2^*]}{\sqrt{\overline{|s_1|^2}}\sqrt{\overline{|s_2|^2}}} \tag{3.61}$$

式中:$\overline{(\cdot)}$ 表示统计期望;ρ 在复平面上是一个不超出单位圆的复数标量。

当两个信号相关时,将式(3.60)代入式(3.61),很容易得到 $|\rho| = 1$,即 ρ 落在单位圆上,这种相关又称为完全相关;当 $\rho = 0$,即 ρ 位于原点上时,由式可以得出 $E\{s_1 s_2^*\} = 0$,此时,两个信号完全不相关;当 $0 < |\rho| < 1$,即 ρ 位于单位圆内时,两个信号为部分相关。

本节要讨论两种相关:一是干扰信号与目标信号相关;二是多个干扰信号之间相关。

3.4.1　与目标信号相关的干扰对旁瓣对消系统的影响[30]

考虑单个干扰与目标信号相关的情况。仍以单辅助通道的旁瓣对消系统为例进行分析,设目标信号位于 $\theta_s = 0°$,干扰信号位于 θ_j,主天线的幅度方向图为 $G_M(\theta)$,辅助天线的幅度方向图为 $G_A(\theta)$。主通道收到的信号为

$$y = s_0 + j_0 + n_0 \tag{3.62}$$

辅助通道收到的信号为

$$x = j_1 + n_1 \tag{3.63}$$

由于同一个信号到达主辅通道的时间差所导致的相位差为

$$\Delta\varphi = 2\pi \frac{d\sin\theta_j}{\lambda} \tag{3.64}$$

则辅助通道收到的干扰信号为

$$j_1 = g_j j_0 e^{j\Delta\varphi} \tag{3.65}$$

式中:g_j 为辅助天线相对于主天线的旁瓣对干扰信号的增益,可表示为

$$g_j = 10 \cdot \lg\{[G_A(\theta_J) - G_M(\theta_J)]/10\} \tag{3.66}$$

单辅助通道旁瓣对消系统的权值表达式为

$$w = R_{xx}^{-1} r_{xy} \tag{3.67}$$

式中(3.6)中本来有个常数 α,但 α 的取值不影响讨论,故取为 1。干扰对消比为

$$\mathrm{CR} = \frac{E[|j_0|^2]}{E[|j_0 - w_{\mathrm{opt}}^* j_1|^2]} \tag{3.68}$$

由式(3.63)可知

$$R_{xx} = E[(j_1 + n_1)(j_1 + n_1)^*] = \overline{|j_1|^2} + \sigma^2 \tag{3.69}$$

式中:σ^2 为辅助通道的噪声功率。

由式(3.62)和式(3.63),可知

$$\begin{aligned} R_{xy} &= E[(j_1 + n_1)(s_0 + j_0 + n_0)^*] \\ &= E[j_1 j_0^*] + E[j_1 s_0^*] \\ &= g_j e^{j\Delta\varphi}\,\overline{|j_0|^2} + g_j e^{j\Delta\varphi} E[j_0 s_0^*] \\ &= g_j e^{j\Delta\varphi}\,\overline{|j_0|^2} + g_j e^{j\Delta\varphi}\sqrt{\overline{|s_0|^2}}\sqrt{\overline{|j_0|^2}}\rho \end{aligned} \tag{3.70}$$

其中

$$\rho = \frac{E[j_0 s_0^*]}{\sqrt{\overline{|j_0|^2}}\sqrt{\overline{|s_0|^2}}} \tag{3.71}$$

是主通道中干扰信号与目标信号的相关系数。

将式(3.69)和式(3.70)代入式(3.67),可得权值为

$$w = \mathrm{e}^{\mathrm{j}\Delta\varphi} \frac{g_j \overline{|j_0|^2} + g_j \sqrt{\overline{|s_0|^2}}\sqrt{\overline{|j_0|^2}}\rho}{\overline{|j_1|^2} + \sigma^2} \tag{3.72}$$

将式(3.72)代入式(3.68),并经过化简可得对消比为

$$\mathrm{CR} = \frac{1}{1 + g_j^2 \ |w|^2 - g_j(w^* \mathrm{e}^{\mathrm{j}\Delta\varphi} + w\mathrm{e}^{-\mathrm{j}\Delta\varphi})} \tag{3.73}$$

下面考虑辅助通道内噪声功率 $\sigma^2 = 0$ 的理想情况,则权值可以写为

$$\begin{aligned} w &= \mathrm{e}^{\mathrm{j}\Delta\varphi} \frac{g_j \overline{|j_0|^2} + g_j \sqrt{\overline{|s_0|^2}}\sqrt{\overline{|j_0|^2}}\rho}{\overline{|j_1|^2}} \\ &= \mathrm{e}^{\mathrm{j}\Delta\varphi} \frac{g_j \overline{|j_0|^2} + g_j \sqrt{\overline{|s_0|^2}}\sqrt{\overline{|j_0|^2}}\rho}{g_j^2 \ \overline{|j_0|^2}} = \mathrm{e}^{\mathrm{j}\Delta\varphi} \frac{1 + \sqrt{\mathrm{SJR}_0}\rho}{g_j} \end{aligned} \tag{3.74}$$

式中:SJR_0 表示主通道中的信干比(SJR),进而可以得出

$$|w|^2 = \frac{1 + \mathrm{SJR}_0 \ |\rho|^2 + \sqrt{\mathrm{SJR}_0}(\rho + \rho^*)}{g_j^2} \tag{3.75}$$

$$w^* \mathrm{e}^{\mathrm{j}\Delta\varphi} + w\mathrm{e}^{-\mathrm{j}\Delta\varphi} = \frac{2 + \sqrt{\mathrm{SJR}_0}(\rho + \rho^*)}{g_j} \tag{3.76}$$

将式(3.76)代入式(3.73),可得

$$\mathrm{CR} = \frac{1}{\mathrm{SJR}_0 \ |\rho|^2} = \frac{\mathrm{JSR}_0}{|\rho|^2} \tag{3.77}$$

由式(3.77)可见,当干扰信号与目标信号不相关即 $\rho = 0$ 时,对消比为无穷大,这是因为此处假设内部噪声功率为零,算权的过程不会受到噪声的扰动。因此,计算出的权就是理想的权值,可以实现完全对消。当干扰信号与目标信号相关,即 $|\rho| = 1$ 时,有 $\mathrm{CR} = \mathrm{JSR}_0$,即此时的对消比仅为主通道中的干信比。因此,当干扰信号与目标信号完全相关时,对消比由无穷大降低为主通道中的干信比。由此可见,对消性能被相关干扰严重削弱了。

由 $CR=JSR_0$ 可知，主通道中的干信比可以降到 0，即主通道中剩余的干扰信号功率与目标信号功率相等，那么，会不会产生干扰效果呢？答案是可以的，因为干扰信号与目标信号是完全相关的，所以即使干信比只为 0，干扰产生的效果与目标信号完全相同，即实现了欺骗干扰。这也正体现了欺骗干扰的技术优势，即可以降低对干扰功率的要求。另外，由式(3.34)还可以看出，系统的对消性能是随着干扰与目标信号的相关系数的幅度 $|\rho|$ 增大而减小的，这说明部分相关干扰也会导致旁瓣对消系统性能的退化，而且干扰与目标信号的相关性越高，旁瓣对消系统的对消性能退化的越严重。

下面考虑辅助通道的内部噪声 $\sigma^2 \neq 0$ 的实际情况，有

$$w = e^{j\Delta\varphi}\frac{g_j\overline{|j_0|^2}+g_j\sqrt{\overline{|s_0|^2}}\sqrt{\overline{|j_0|^2}}\rho}{\overline{|j_1|^2}+\sigma^2} \tag{3.78}$$

$$= e^{j\Delta\varphi}\frac{g_j\overline{|j_0|^2}+g_j\sqrt{\overline{|s_0|^2}}\sqrt{\overline{|j_0|^2}}\rho}{g_j^2\overline{|j_0|^2}+\sigma^2} = e^{j\Delta\varphi}\frac{g_j+g_j\sqrt{SJR_0}\rho}{g_j^2+NJR_0}$$

式中：NJR_0 表示主通道中的噪干比（NJR），则

$$|w|^2 = \frac{g_j^2+g_j^2 SJR_0|\rho|^2+g_j^2\sqrt{SJR_0}(\rho+\rho^*)}{(g_j^2+NJR_0)^2} \tag{3.79}$$

$$w^* e^{j\Delta\varphi}+we^{-j\Delta\varphi} = \frac{2g_j+g_j\sqrt{SJR_0}(\rho+\rho^*)}{g_j^2+NJR_0} \tag{3.80}$$

代入式(3.73)可得此时的对消比为

$$CR = \frac{g_j^4+NJR_0^2+2g_j^2 NJR_0}{NJR_0^2+g_j^4 SJR_0|\rho|^2-g_j^2 NJR_0\sqrt{SJR_0}(\rho+\rho^*)} \tag{3.81}$$

令 $\rho=0$，可得旁瓣对消系统对不相关干扰的对消比为

$$CR_0 = \frac{g_j^4+NJR_0^2+2g_j^2 NJR_0}{NJR_0^2} = g_j^4 JNR_0^2+2g_j^2 JNR_0+1 \tag{3.82}$$

由于 $j_1=g_j j_0 e^{j\Delta\varphi}$，则

$$g_j^2 JNR_0 = \frac{g_j\overline{|j_0|^2}}{\sigma^2} = \frac{\overline{|j_1|^2}}{\sigma^2} = JNR_1 \tag{3.83}$$

式中：JNR_1 为辅助通道的干噪比。

将式(3.83)代入式(3.82)，可得

$$CR_0 = (JNR_1+1)^2 \tag{3.84}$$

令 $|\rho|=1$，可得旁瓣对消系统对相关干扰的对消比为

$$\mathrm{CR}_1 = \frac{g_j^{\ 4} + \mathrm{NJR_0}^{\ 2} + 2g_j^2\mathrm{NJR_0}}{\mathrm{NJR_0}^{\ 2} + g_j^{\ 4}\mathrm{SJR_0} - 2g_j^2\mathrm{NJR_0}\sqrt{\mathrm{SJR_0}}(\rho + \rho^*)} \tag{3.85}$$

比较 $\mathrm{CR_0}$ 和 $\mathrm{CR_1}$ 可得出,相关干扰导致的对消比的下降量为

$$\begin{aligned}\Delta\mathrm{CR} = \frac{\mathrm{CR_0}}{\mathrm{CR_1}} &= \frac{\mathrm{NJR_0}^{\ 2} + g_j^{\ 4}\mathrm{SJR_0} - 2g_j^2\mathrm{NJR_0}\sqrt{\mathrm{SJR_0}}(\rho + \rho^*)}{\mathrm{NJR_0}^{\ 2}} \\ &= 1 + g_j^{\ 4}\mathrm{SJR_0}\mathrm{JNR_0}^{\ 2} - 2g_j^2\mathrm{JNR_0}\sqrt{\mathrm{SJR_0}}(\rho + \rho^*) \\ &= 1 + \mathrm{SJR_0}\mathrm{JNR_1}^{\ 2} - 4\sqrt{\mathrm{SJR_0}}\mathrm{JNR_1}\rho_r\end{aligned} \tag{3.86}$$

式中:$\mathrm{JNR_1}$ 为主通道中的干噪比;$\mathrm{SJR_0}$ 为主通道中的信干比;ρ_r 为模是 1 的复相关系数的实部。

对消比的下降量表示由相关干扰导致的系统性能的退化程度,由式(3.86)可以看出,相关干扰导致旁瓣对消系统性能的退化程度取决于目标信号的强度、相关干扰的功率以及相关系数的实部,而且目标信号越强,性能退化越严重;相关干扰的功率越大,性能退化越严重。

用 Matlab 构造一个单辅助通道的旁瓣对消系统,当主通道中信噪比 $\mathrm{SNR_0}$ 为 0dB,$g_j = 3$ 时,在干扰与目标信号不相关($\rho = 0$)和相关($\rho = 1$)两种情况下的系统对消比与辅助通道干噪比的关系曲线如图 3.9 中"*"状线所示,式(3.84)和式(3.85)所表示的理论分析值也绘于图 3.9 中。由图可见,相关干扰确实会导致系统的对消比下降,而且仿真结果与前面的理论分析结果是吻合的。

相关干扰使系统性能的退化程度可以用对消比的下降量表示,仿真得到不同目标信号强度下对消比的下降量与主通道中干信比的关系如图 3.10 所示,由图可以看出两点:一是相关干扰的功率越强,系统性能的退化越严重;二是目标信号的功率越强,即主通道中的信噪比 $\mathrm{SNR_0}$ 越大,系统性能的退化越严重。

由本节的分析可以看出,相对于不相关干扰如噪声压制干扰,雷达的旁瓣对消系统对相关干扰的抑制能力有明显的下降。相关干扰的功率越强,旁瓣对消系统的性能退化越严重。虽然在工程中要实现与目标回波完全相关的干扰的难度很大,但由前面的分析可以看出,部分相关干扰也会导致旁瓣对消系统性能的退化,而且干扰信号与目标回波的相关性越高,旁瓣对消系统的性能退化越严重。

3.4.2 与目标信号相关的干扰对自适应置零阵的影响[4, 31]

由 2.5.3 节的讨论可知,自适应置零阵的最优权矢量的表达式为

$$\boldsymbol{w}_{\mathrm{opt}} = \frac{\boldsymbol{R}_{xx}^{-1}\boldsymbol{a}(\theta_s)}{\boldsymbol{a}^{\mathrm{H}}(\theta_s)\boldsymbol{R}_{xx}^{-1}\boldsymbol{a}(\theta_s)} \tag{3.87}$$

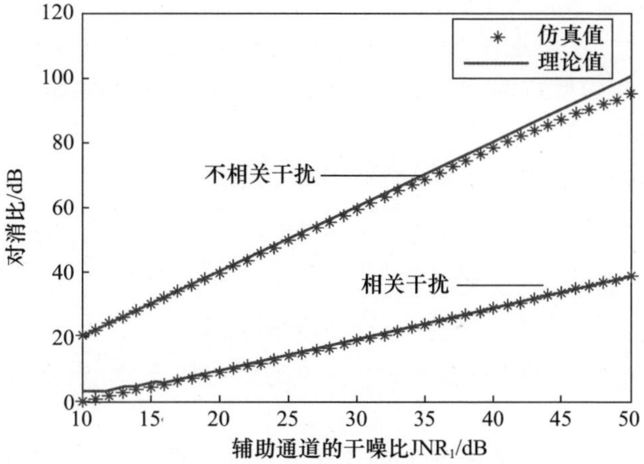

图 3.9 旁瓣对消系统对消比与干扰功率的关系(见彩图)

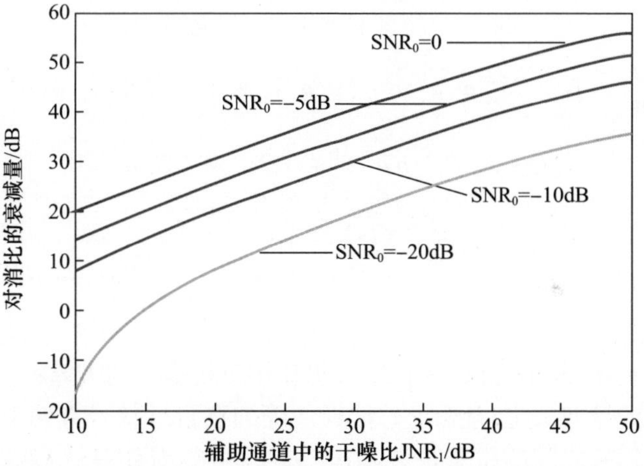

图 3.10 不同目标信号强度下的旁瓣对消系统的对消比衰减量

但这个最优权值矢量是基于目标信号和干扰之间不存在相关性的假设得出的,当引入相关性后,应当对此表达式进行修正。此处考虑只有一个干扰信号且干扰信号与目标信号相关时的情况,设目标信号的入射方向为 θ_s ,功率为 P_s ,其导向矢量为 $\boldsymbol{a}_1$ 。干扰信号的入射方向为 θ_j ,功率为 P_j ,其导向矢量为 $\boldsymbol{a}_2$ 。噪声功率为 σ^2 。

协方差矩阵为

$$\boldsymbol{R}_{xx} = \boldsymbol{A}\begin{bmatrix} P_s & \sqrt{P_s P_j}\rho \\ \sqrt{P_s P_j}\rho^* & P_j \end{bmatrix}\boldsymbol{A}^{\mathrm{H}} + \sigma^2\boldsymbol{I} \tag{3.88}$$

式中：$\boldsymbol{A}=[\boldsymbol{a}_1,\boldsymbol{a}_2]$；$\rho$ 为干扰信号与目标信号之间的相关系数，是一个位于单位圆内的复数标量，ρ 落在单位圆上时，两个信号是完全相关的，且其相位差为 $\arg\{\rho\}$。ρ 落在单位圆内时，两个信号是部分相关的。ρ 落在圆心即 $\rho=0$ 时，两个信号是完全不相关的。

当权矢量为 $\boldsymbol{w}$ 时，自适应置零阵的输出功率为

$$P=E[|\boldsymbol{w}^{\mathrm{H}}\boldsymbol{x}|^2]=\boldsymbol{w}^{\mathrm{H}}\boldsymbol{R}\boldsymbol{w} \tag{3.89}$$

则

$$P=[\boldsymbol{w}^{\mathrm{H}}\boldsymbol{a}_1\ \boldsymbol{w}^{\mathrm{H}}\boldsymbol{a}_2]\begin{bmatrix} P_s & \sqrt{P_sP_j}\rho \\ \sqrt{P_sP_j}\rho^* & P_j \end{bmatrix}[\boldsymbol{w}^{\mathrm{H}}\boldsymbol{a}_1\ \boldsymbol{w}^{\mathrm{H}}\boldsymbol{a}_2]^{\mathrm{H}}+\sigma^2\boldsymbol{w}^{\mathrm{H}}\boldsymbol{w} \tag{3.90}$$

定义：$g=\boldsymbol{w}^{\mathrm{H}}\boldsymbol{a}_2$，$\beta=\boldsymbol{a}_2^{\mathrm{H}}\boldsymbol{a}_1$，则 g 表示自适应置零阵在干扰方向上的响应，β 正比于信号和干扰的导向矢量夹角的余弦。

约束阵列在目标信号方向上的增益为1，为了得出最优权值 $\boldsymbol{w}$，在式(3.90)中加上 $-2\xi(\boldsymbol{w}^{\mathrm{H}}\boldsymbol{a}_1-1)$，$2\xi$ 是拉格朗日乘数，令导数为0，则

$$\begin{aligned}\frac{\partial P}{\partial \boldsymbol{w}}=0&=2P_s\boldsymbol{a}_1\boldsymbol{a}_1^{\mathrm{H}}\boldsymbol{w}+2P_j\boldsymbol{a}_2\boldsymbol{a}_2^{\mathrm{H}}\boldsymbol{w}+2\sqrt{P_sP_j}\rho^*\boldsymbol{a}_2\boldsymbol{a}_1^{\mathrm{H}}\boldsymbol{w}\\&\quad+2\sqrt{P_sP_j}\rho\boldsymbol{a}_1\boldsymbol{a}_2^{\mathrm{H}}\boldsymbol{w}+2\sigma^2\boldsymbol{w}-2\xi\boldsymbol{a}_1\end{aligned} \tag{3.91}$$

则权矢量被修正为

$$\boldsymbol{w}_{\mathrm{opt}}=\xi\left(P_s\boldsymbol{a}_1\boldsymbol{a}_1^{\mathrm{H}}+P_j\boldsymbol{a}_2\boldsymbol{a}_2^{\mathrm{H}}+\sqrt{P_sP_j}\rho\boldsymbol{a}_1\boldsymbol{a}_2^{\mathrm{H}}+\sqrt{P_sP_j}\rho^*\boldsymbol{a}_2\boldsymbol{a}_1^{\mathrm{H}}+\sigma^2\boldsymbol{I}\right)^{-1}\boldsymbol{a}_1 \tag{3.92}$$

式中：σ_1^2、σ_2^2 和 σ^2 分别为目标信号、干扰和接收机噪声的方差；$\boldsymbol{a}_1$ 和 $\boldsymbol{a}_2$ 分别为目标信号和干扰的导向矢量；常数 ξ 的选择使阵列在目标信号方向上为单位增益；ρ 为干扰和目标信号之间的相关系数。式(3.92)可以看作是式(3.87)的一般表达式，新的协方差矩阵中包含了目标信号(看作是一个零均值的统计过程)的协方差矩阵 $P_s\boldsymbol{a}_1\boldsymbol{a}_1^{\mathrm{H}}$、干扰的协方差矩阵 $P_j\boldsymbol{a}_2\boldsymbol{a}_2^{\mathrm{H}}$、两个互协方差矩阵 $\sqrt{P_sP_j}\rho\boldsymbol{a}_1\boldsymbol{a}_2^{\mathrm{H}}$ 和 $\sqrt{P_sP_j}\rho^*\boldsymbol{a}_2\boldsymbol{a}_1^{\mathrm{H}}$ 以及噪声矩阵 $\sigma^2\boldsymbol{I}$。

为了得出 ξ，对式(3.91)乘以 $\boldsymbol{a}_1^{\mathrm{H}}$，由于 $\boldsymbol{a}_1^{\mathrm{H}}\boldsymbol{w}=\boldsymbol{w}^{\mathrm{H}}\boldsymbol{a}_1=1$，$\boldsymbol{a}_1^{\mathrm{H}}\boldsymbol{a}_1=\boldsymbol{a}_2^{\mathrm{H}}\boldsymbol{a}_2=M$，则

$$\xi=\frac{1}{M}\left(\sqrt{P_sP_j}\rho^*\beta^*+\sqrt{P_sP_j}\rho M\alpha^*+P_j\beta^*\alpha^*+\sigma^2\right)+P_s \tag{3.93}$$

进而，式(3.91)中同乘以 $\boldsymbol{a}_2^{\mathrm{H}}$，并将 ξ 代入，可得

$$g^*=\frac{\sqrt{P_sP_j}\rho^*(\beta^*\beta-M^2)+\sigma^2\beta}{P_j(M^2-\beta^*\beta)+M\sigma^2} \tag{3.94}$$

由于 g 表示自适应置零阵在干扰方向上的响应，则式(3.94)就可以描述干扰抑制能力。可见，自适应置零阵的干扰抑制能力与相关系数 ρ 有关。

为了确定自适应置零阵的输出功率，首先将 ξ 代入式(3.91)，并将式(3.92)乘以 $\boldsymbol{w}^{\mathrm{H}}$ 就可以得出 $\boldsymbol{w}^{\mathrm{H}}\boldsymbol{w}$；然后将 $\boldsymbol{w}^{\mathrm{H}}\boldsymbol{w}$ 代入式(3.90)，经过化简计算，可得

$$P_{\text{opt}} = P_s + \frac{1}{P_j(M^2 - \beta^*\beta)} \cdot \left(\sqrt{P_sP_j}\ |\rho|^2(\beta^*\beta - M^2) + \sigma^2\left(\frac{P_j\beta^*\beta}{M} + \sqrt{P_sP_j}(\rho\beta + \rho^*\beta^*)\right)\right) + \frac{\sigma^2}{M} \tag{3.95}$$

这就是当信号和干扰相关时自适应置零阵的输出功率，下面分场景讨论。

(1) 通道噪声为零，即 $\sigma^2 = 0$，有

$$g^* = -\sqrt{P_s/P_j}\rho^* \tag{3.96}$$

$$P_{\text{opt}} = P_s(1 - |\rho|^2) \tag{3.97}$$

这意味着没有噪声时自适应置零阵在干扰方向上的响应不为零，而是等于相关系数乘以 $\sqrt{P_s/P_j}$。式(3.97)所示的输出功率只有当干扰与目标信号不相关时为最大值 P_s，即信号被完全保留了下来。当为部分相关时，就会有部分信号被对消掉，而且干扰也抑制得不完全。当干扰与信号完全相关，即 $\rho = 1$ 且 $\sigma^2 = 0$ 时，自适应置零阵没有输出功率，这意味着信号完全被对消掉了，此时，自适应置零阵也无法在干扰方向上形成深的零点。

(2) 通道噪声为中等电平，即 $0 < \sigma^2 < P_s, P_j$ 时，这是最典型的实际情况。令 $\rho = 0$ 可得

$$g^* = \frac{\sigma^2\beta}{P_j(M^2 - \beta^*\beta) + M\sigma^2} \neq 0 \tag{3.98}$$

由此可见，情况(2)与情况(1)不同，在有噪声的情况下，即使是完全不相关的源也不能保证干扰被完美地抑制。

令 $|\rho| = 1$ 可得

$$P_{\text{opt}} = P_s + \frac{1}{P_j(M^2 - \beta^*\beta)} \cdot \left(P_sP_j(\beta^*\beta - M^2) + \sigma^2\left(\frac{P_j\beta^*\beta}{M} + \sqrt{P_sP_j}(\rho\beta + \rho^*\beta^*)\right)\right) + \frac{\sigma^2}{M} \tag{3.99}$$

式(3.99)表明，在有加性噪声存在时，即使是完全相关的源，也不能使输出功率为0，输出功率由目标信号功率、干扰功率和噪声功率3部分组成。

以16元自适应置零阵为例，目标信号的方向为 $\theta_s = 0°$，干扰信号的方向为 $\theta_j = 40°$。通道噪声为单位功率，即 $\sigma^2 = 1\ \mathrm{W}$。信噪比取为0，即目标信号的功率也为1W。考虑3种情况：一是干扰与目标不相关，即 $|\rho| = 0$；二是干扰与目标高度相关，即 $|\rho| = 0.9$；三是干扰与目标信号完全相关，即 $|\rho| = 1$。当干噪比取5dB、10dB、20dB和30dB时，在3种相关系数下所形成的自适应波束分别如图3.11(a)～(d)所示。由图可见，当干扰与目标不相关时，自适应置零阵总可以在干扰的方向上形成零陷，而且干扰功率越强，零陷越深。当干扰与目标信号高度相关或完全相关时，自适应置零阵不仅不能在干扰的方向上形成零陷，而且会形成指向干扰方向上的波束，干扰功率越弱时，这个波束的增益越高。

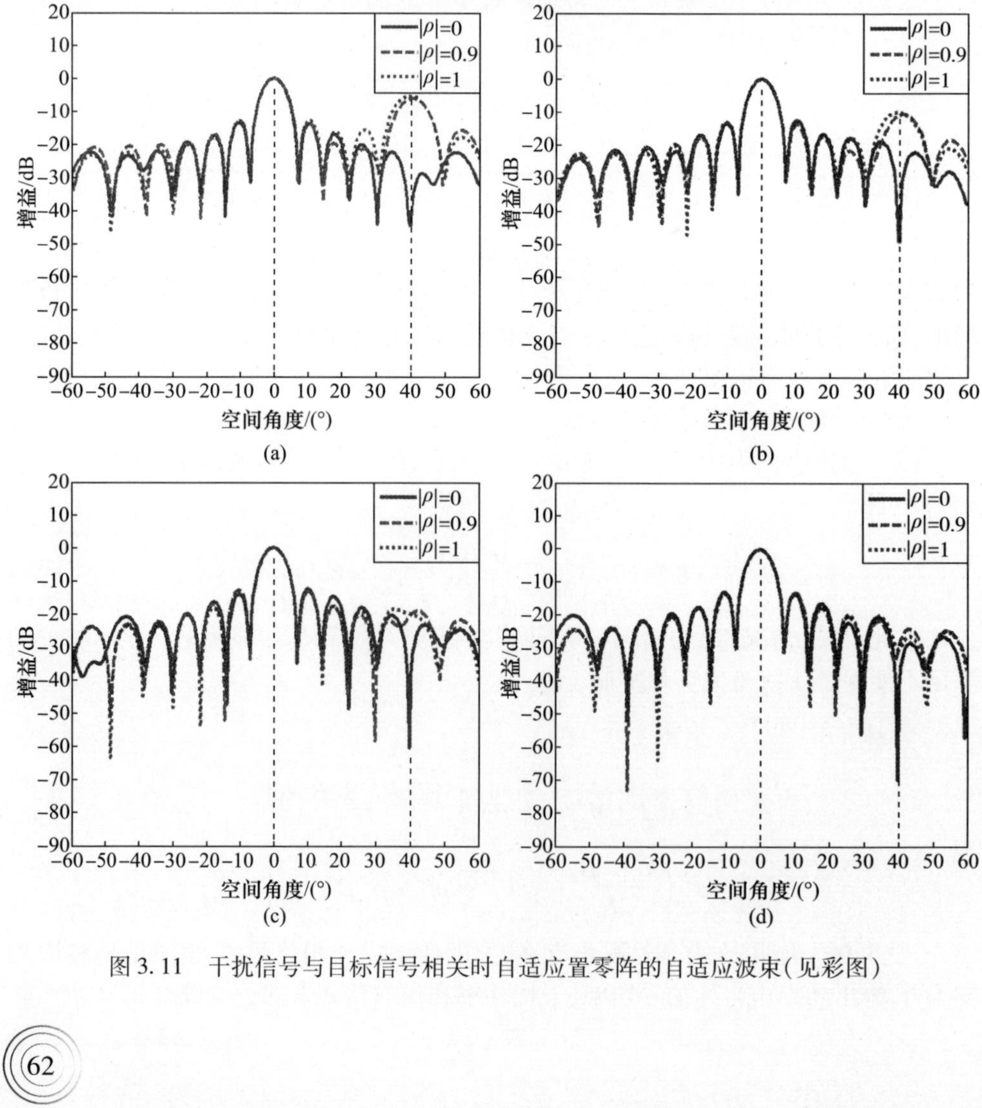

图3.11　干扰信号与目标信号相关时自适应置零阵的自适应波束(见彩图)

在相同的仿真设置下可以得出自适应置零阵的输出功率和改善因数，如表3.1所列。由表可见，当干扰与目标信号完全不相关时，阵列具有较高的改善因数，而且输出功率约等于目标信号的功率（因为所采用的约束是在目标方向具有单位增益），这说明自适应置零阵很好地抑制了干扰，而且保存了目标信号的功率。当干扰与目标信号高度相关，即 $|\rho| = 0.9$ 时，自适应置零阵的改善因数下降了约一个量级，即10dB，而且输出功率也只有目标信号功率的1/4，这说明目标信号被抑制了。当干扰信号与目标信号完全相关，即 $|\rho| = 1$ 时，自适应置零阵的改善因数与 $|\rho| = 0.9$ 时基本一致，但阵列的输出功率还不足目标信号功率的1/10，这说明目标信号的功率被严重抑制了。

表3.1　不同相关系数下自适应置零阵的输出功率 P_{out} 和改善因数

相关系数的幅度 $\|\rho\|$	JNR/dB	输出功率 P_{out}/W	改善因数/dB
$\|\rho\|=0$	5	1.06	18.26
	10	1.06	22.62
	20	1.06	32.04
	30	1.06	41.84
$\|\rho\|=0.9$	5	0.27	6.85
	10	0.26	11.03
	20	0.25	20.63
	30	0.25	30.60
$\|\rho\|=1$	5	0.08	6.01
	10	0.07	10.17
	20	0.06	19.80
	30	0.06	29.74

由上述分析可以清楚地看出，与目标信号相关的干扰对自适应置零阵性能的影响体现在两个方面：一是导致目标信号被对消；二是导致干扰方向上的置零深度变浅。在没有通道噪声的情况下，信号被对消的程度和干扰抑制性能只与相关系数有关，有噪声存在时，关系较为复杂。

3.4.3　干扰信号之间的相关性对自适应阵列性能的影响[4,32]

前面分别讨论了与目标信号相关的干扰对旁瓣对消系统和自适应置零阵性能的影响。实际中往往还有另一种形式的相关性，即多个干扰信号之间的相关性，例如，一个干扰经过多径传输后从不同的方向上到达自适应阵列，这些多径信号就构成了相关的干扰。本节我们将讨论这种干扰信号之间的相关性对自适应阵列性能

的影响。由旁瓣对消系统和自适应置零阵权矢量的表达式可以看出,二者都可以写成如下形式,即

$$\boldsymbol{w}_{\text{opt}} = \alpha \boldsymbol{R}_{xx}^{-1} \boldsymbol{v} \tag{3.100}$$

对于旁瓣对消系统, $\boldsymbol{v} = \boldsymbol{r}_{xy}$,对于自适应置零阵, $\boldsymbol{v} = \boldsymbol{a}(\theta_s)$ 。干扰信号之间相关性的影响主要体现在协方差矩阵的结构上,与矢量 $\boldsymbol{v}$ 无关,所以这种相关性对旁瓣对消系统和自适应置零阵的干扰抑制性能的影响是一致的,我们只需选取其中的一种进行讨论。

本书以自适应置零阵为例进行分析。采用 2.7 节的特征分析方法,考虑两个相关的点频连续波干扰进入 16 元均匀线阵的情形。两个干扰的干噪比均为 30dB,入射角分别为 $\theta_1 = -30°$ 和 $\theta_2 = 40°$ 。图 3.12 示出了 $|\rho| = 0$, $|\rho| = 0.9$ 和 $|\rho| = 1$ 这三种情况下的特征值排列情况。当 $|\rho| = 0$ 即两个干扰不相关时,有两个近似相等的大特征值。当 $|\rho| = 0.9$ 即两个干扰部分相关时,仍有两个大的特征值,但其中一个变小了将近一个数量级。当 $|\rho| = 1$ 即两个干扰完全相关时,只剩下一个大特征值。

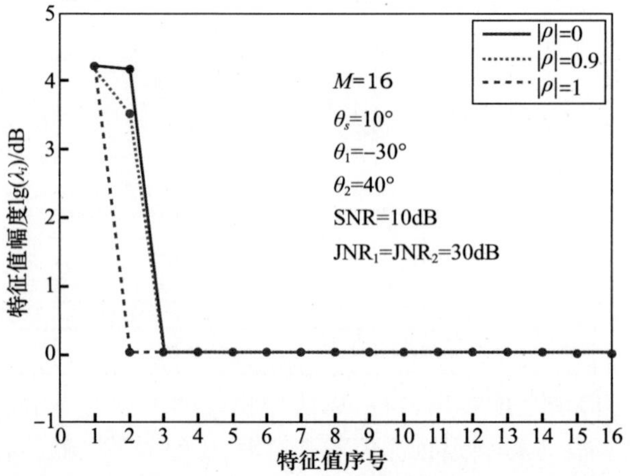

图 3.12　两个干扰信号相关时的特征值分布(见彩图)

图 3.13(a)是静态波束,可见,静态波束在两个干扰方向上的增益均约为 -25dB。图 3.13(b)是 $|\rho| = 0$ 时的自适应波束,由图可见,两个干扰信号之间不相关时,自适应阵列在两个干扰信号的方向上形成了约 -90dB 的零深。图 3.13(c)是 $|\rho| = 0.9$ 时的自适应波束,由图可见,当两个干扰高度相关但不完全相关时,自适应阵列在两个干扰的方向上仍然形成了约 -80dB 的零深,比 $|\rho| = 0$ 时的零深变浅了约 10dB。图 3.13(d)是 $|\rho| = 1$ 时的自适应波束,由图可见,当两个干

扰完全相关时,在干扰方向上的增益均约为 -30dB,只比静态波束的增益低了约 5dB,这说明自适应阵列未能在干扰的方向上形成零点。

由上述 3 种相关系数下的自适应波束的变化规律似乎可以得出这样的结论:干扰信号之间的相关性会降低自适应阵列的干扰性能,而且相关性越高,这种影响越明显。但事实并非如此,波束图只是表面的现象。表征自适应置零阵性能的最根本的指标是输出信干噪比或者改善因数,在相同的仿真条件下我们可以得出自适应置零阵的改善因数在 3 种相关系数下分别为 44.98dB、44.97 dB 和 44.95dB。这说明在 3 种相关系数下,自适应置零阵的干扰抑制能力并没有发生变化。下面我们对此进行深入分析。

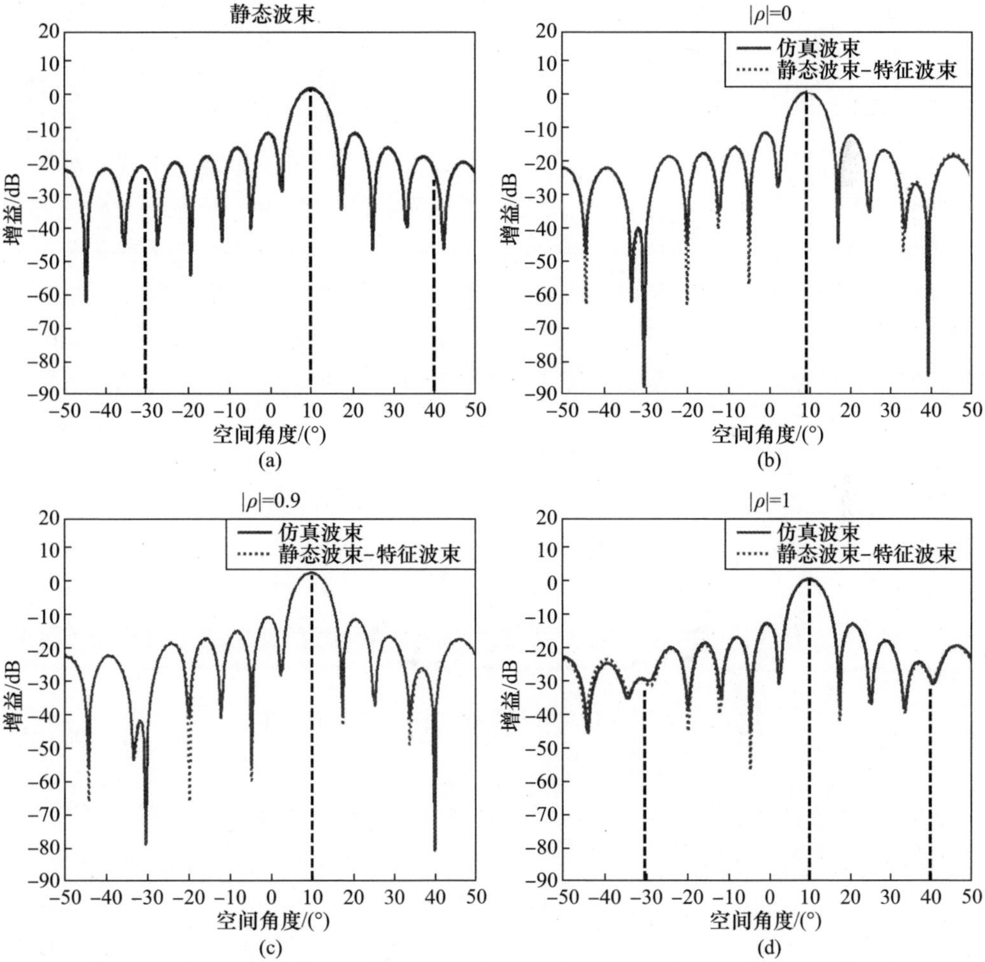

图 3.13 干扰信号相关时自适应阵列的波束(见彩图)

在上述的仿真条件下，将 $|\rho| = 0$ 、$|\rho| = 0.9$ 和 $|\rho| = 1$ 时的自适应权矢量分别记为 $\boldsymbol{w}_0$、$\boldsymbol{w}_{0.9}$ 和 $\boldsymbol{w}_1$ 。设阵列对两个干扰的导向矢量分别为 $\boldsymbol{a}_1$ 和 $\boldsymbol{a}_2$ ，通过计算可得

$$\begin{cases} \boldsymbol{w}_0^{\mathrm{H}} \boldsymbol{a}_1 = \boldsymbol{w}_0^{\mathrm{H}} \boldsymbol{a}_2 = 0 \\ \boldsymbol{w}_{0.9}^{\mathrm{H}} \boldsymbol{a}_1 = \boldsymbol{w}_{0.9}^{\mathrm{H}} \boldsymbol{a}_2 = 0 \\ \boldsymbol{w}_1^{\mathrm{H}} \boldsymbol{a}_1 \neq 0 \\ \boldsymbol{w}_1^{\mathrm{H}} \boldsymbol{a}_2 \neq 0 \\ \boldsymbol{w}_1^{\mathrm{H}} (\boldsymbol{a}_1 + \boldsymbol{a}_2) = 0 \end{cases} \tag{3.101}$$

由式(3.101)可以看出，当两个干扰不相关或部分相关时，得出的自适应权矢量与每个干扰信号的导向矢量内积为零，说明这个自适应权矢量和干扰信号的导向矢量不相关，因而用这个权矢量形成的波束在两个干扰的方向上都形成了很深的零点。当两个干扰信号完全相关时，得出的自适应权矢量与每个干扰信号的导向矢量内积都不为零，所以用这个权矢量所形成的波束在两个干扰的方向上都没能形成零点。但是，由最后一个式子 $\boldsymbol{w}_1^{\mathrm{H}} (\boldsymbol{a}_1 + \boldsymbol{a}_2) = 0$ 说明：虽然这个权矢量不能在每个干扰的方向上形成波束零点，但是两个干扰信号经过这个权矢量的加权后的和为零，即实现了两个干扰信号的相消叠加。由此我们可以得出这样一个结论：要抑制相关干扰并不一定要在每个干扰的方向上都形成波束零点。

以上分析是基于仿真的，下面从数学本质上进行分析。设有 N 个强干扰入射到 M 元的自适应置零阵上，其中有 P 个干扰完全相关，其他的干扰或者不相关，或者部分相关。忽略目标信号，对干扰加噪声的协方差矩阵做特征分解，有

$$\boldsymbol{R}_{j+n,\,j+n} = \sum_{k=1}^{M} \lambda_k \boldsymbol{q}_k \boldsymbol{q}_k^{\mathrm{H}} \tag{3.102}$$

式中：$\boldsymbol{R}_{j+n,\,j+n}$ 有 $N-P+1$ 个对应于干扰信号的大特征值，其余的小特征值等于噪声功率，即

$$\lambda_k = \begin{cases} \lambda_{jk} & (k = 1,\cdots,N-P+1) \\ \sigma^2 & (k = N-P+2,\cdots,M) \end{cases} \tag{3.103}$$

式(3.103)中的 $N-P+1$ 个大特征值所对应的特征矢量构成干扰子空间 $\boldsymbol{S}_j$ ，其余的特征矢量构成噪声子空间 $\boldsymbol{S}_n$ ，即

$$\boldsymbol{S}_j = [\boldsymbol{q}_1, \boldsymbol{q}_2, \cdots, \boldsymbol{q}_{N-P+1}] \tag{3.104}$$

$$\boldsymbol{S}_n = [\boldsymbol{q}_{N-P+2}, \cdots, \boldsymbol{q}_M] \tag{3.105}$$

则 $\boldsymbol{R}_{j+n,\,j+n}$ 可以写为

$$R_{j+n,j+n}=[S_j\ S_n]\begin{bmatrix}\Lambda_j & \\ & \Lambda_n\end{bmatrix}\begin{bmatrix}S_j^{\mathrm{H}}\\ S_n^{\mathrm{H}}\end{bmatrix}\tag{3.106}$$

式中

$$\Lambda_j=\mathrm{diag}(\lambda_1,\lambda_2,\cdots,\lambda_{N-P+1})\tag{3.107}$$

$$\Lambda_n=\mathrm{diag}(\lambda_{N-P+1},\cdots,\lambda_M)\tag{3.108}$$

进而可以将 $R_{j+n,j+n}$ 的逆矩阵写为

$$R_{j+n,j+n}^{-1}=[S_j\ S_n]\begin{bmatrix}\Lambda_j^{-1} & \\ & \Lambda_n^{-1}\end{bmatrix}\begin{bmatrix}S_j^{\mathrm{H}}\\ S_n^{\mathrm{H}}\end{bmatrix}\tag{3.109}$$

则自适应置零阵的权矢量为

$$\begin{aligned}w_{\mathrm{opt}}&=\alpha[S_j\ S_n]\begin{bmatrix}\Lambda_j^{-1} & \\ & \Lambda_n^{-1}\end{bmatrix}\begin{bmatrix}S_j^{\mathrm{H}}\\ S_n^{\mathrm{H}}\end{bmatrix}a\\&=\alpha S_j\Lambda_j^{-1}S_j^{\mathrm{H}}a+\alpha S_n\Lambda_n^{-1}S_n^{\mathrm{H}}a\\&=\alpha\sum_{k=1}^{N-P+1}\frac{1}{\lambda_k}q_k q_k^{\mathrm{H}}a+\alpha\sum_{N-P+2}^{M}\frac{1}{\lambda_k}q_k q_k^{\mathrm{H}}a=w_1+w_2\end{aligned}\tag{3.110}$$

式中

$$w_1=\alpha\sum_{k=1}^{N-P+1}\frac{1}{\lambda_k}q_k q_k^{\mathrm{H}}a\tag{3.111}$$

$$w_2=\alpha\sum_{N-P+2}^{M}\frac{1}{\lambda_k}q_k q_k^{\mathrm{H}}a\tag{3.112}$$

式中：w_1 表示阵列对目标信号的导向矢量在干扰子空间每个维度上投影的加权和，加权系数为该维的特征矢量所对应的特征值的倒数；w_2 表示阵列对目标信号的导向矢量在噪声子空间每个维度上投影的加权和，加权系数为噪声特征值的倒数。

式(3.110)说明最优权矢量是由目标信号导向矢量的两部分投影组成的：一部分是在干扰子空间上的投影；另一部分是在噪声子空间上的投影。干扰子空间的投影会形成指向干扰方向的波束，噪声子空间的投影会形成指向干扰方向的零点，因为噪声子空间和干扰子空间是正交的。由式(3.111)可知，当干扰功率很强即干扰特征值很大时，a 在干扰子空间的各个维上的投影的加权系数很小，则 w_1 很小。同时，由于噪声特征值很小，则 a 在噪声子空间的各个维上的投影的加权系数都很大，即 w_2 很大，从而 w_1 可以忽略，则

$$\boldsymbol{w}_{\text{opt}} \approx \boldsymbol{w}_2 \tag{3.113}$$

即最优权矢量主要由 $\boldsymbol{a}$ 在噪声子空间的投影加权和组成,从而可以抑制干扰。

由上述的分析可以看出,自适应置零阵的干扰抑制过程并不会受到干扰信号之间的相关性的影响。干扰之间的相关只是降低了干扰子空间的维数而已,不论干扰子空间的维数是多少,只要干扰的功率远强于噪声功率,最优权矢量都是由 $\boldsymbol{a}$ 在噪声子空间的投影加权和组成的,从而都可以抑制干扰。

从物理意义上理解,多个完全相关的干扰信号本来都各自具有平面波相位波前结构,但在空间上叠加后,形成了一种新的相位波前结构。自适应阵列可以直接对这种新的波前结构进行空域干扰抑制,而不是分别对每个干扰进行抑制,所以没有在每个干扰的方向上分别形成波束零点。

3.4.4 结论

与目标信号相关的干扰会导致自适应阵列性能的退化。干扰信号之间的相关性不会引起自适应阵列的性能退化。

3.5 自适应阵列加权方式对信号处理的影响

如 2.6 节所述,自适应阵列依据可以采用采样自适应和块自适应两种加权方式。本节详细讨论加权方式对雷达信号处理的影响。

3.5.1 自适应阵列的加权方式

自适应阵列有两种加权方式[26],即采样自适应和块自适应。采样自适应是指在逐点采样的基础上加权,即对每一个新的采样更新权值,是实时的自适应。块自适应是指先根据一定长度的采样数据估计出外部信号环境的统计特性,对于旁瓣对消系统而言,就是辅助阵的协方差矩阵和主通道与辅助阵的互相关矢量;对于自适应置零阵而言,就是协方差矩阵。然后,根据这些统计特性估计出最优的权值,对一定长度的数据统一用此权值进行加权以实现干扰抑制,如图 3.14 所示。

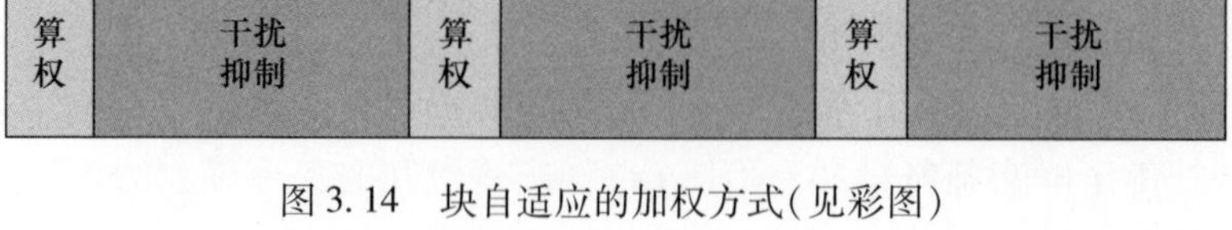

图 3.14 块自适应的加权方式(见彩图)

采样自适应的优点在于可以适应非平稳的信号环境，因为可以根据信号环境的变化，实时的调整权值。但是，采样自适应存在两个不可避免的缺点。一是无法获得干扰加噪声的相关矩阵，而必须使用整个相关矩阵，因而阵列的性能会受到目标信号的影响，使输出目标信号的功率受到抑制，这种影响已经在3.3节中讨论过了；二是由于目标信号效应，算出的权值会是一个偏离理想权值的随机变量，当采用逐点加权时，这个随机的权值会对目标信号进行不必要的调制，破坏信号之间的相参性，影响目标信号的相参积累。在雷达中，目标回波的功率往往远远高出噪声功率，因而由目标信号所引起的这两种影响是不可忽略的。下面，对采样自适应加权方式对目标信号相参积累的影响进行讨论。

3.5.2　采样自适应对目标信号相参积累的影响[33]

设目标信号在一个相参处理间隔内共有 K 次采样，可记为矢量，即

$$\boldsymbol{s}_0 = [s_1, s_2, \cdots, s_K] \tag{3.114}$$

对这 K 次采样所使用的 K 个权值是 K 个随机变量，也可以排成行矢量，即

$$\boldsymbol{w} = [w_1, w_2, \cdots, w_K] \tag{3.115}$$

则经过采样自适应加权后的目标信号的样点为

$$\boldsymbol{s}_1 = \boldsymbol{s}_0 \cdot \boldsymbol{w}^* \tag{3.116}$$

式中：“·”表示点积运算。

为了便于讨论，假设随机变量 w 是同分布的，并且均值为 $\overline{w}$，则加权误差矢量可以写为

$$\Delta\boldsymbol{w} = [w_1 - \overline{w}, w_2 - \overline{w}, \cdots, w_K - \overline{w}] = [\delta_1, \delta_2, \cdots, \delta_K] \tag{3.117}$$

设 $\Delta\widetilde{\boldsymbol{w}}$ 是加权误差矢量 $\Delta\boldsymbol{w}$ 的离散傅里叶变换，并且随机变量 δ 的方差为 σ^2，由帕什瓦尔定理可得

$$E\{\Delta\widetilde{\boldsymbol{w}}^{\mathrm{H}}\Delta\widetilde{\boldsymbol{w}}\} = \frac{1}{K}E\{\Delta\boldsymbol{w}^{\mathrm{H}}\Delta\boldsymbol{w}\} = \sigma^2 \tag{3.118}$$

由此可见，采样自适应对目标信号的相参积累的影响与权值的方差成正比，也就是说，权值变化得越剧烈，对目标信号相参积累的影响越严重。以上的分析只是基于简单模型的定性分析。实际上，加权系数对目标信号的调制机理是比较复杂的。下面以雷达中两种典型的相参处理过程为例，仿真分析采样自适应对自适应阵列性能的影响。

3.5.2.1 采样自适应对脉冲相参积累的影响

以16元自适应置零阵为例，运动目标的回波位于0.5°方向，多普勒频率为25Hz，距离上位于第9个~第12个距离单元，5个干扰均为不相关的噪声干扰，干噪比均为30dB，方向分别为-30°、-20°、20°、30°和60°，距离上铺满所有距离单元。自适应置零阵的瞄准方向为0°，分别采用块自适应和采样自适应的加权方式进行干扰抑制，采样自适应的遗忘因子取为0.1。对自适应置零阵的输出做脉冲相参积累，一个相参积累间隔内包含120个目标信号脉冲。当信噪比为5dB时，块自适应和采样自适应的积累结果分别如图3.15(a)和(b)所示。由图可见，采样自适应后的脉冲相参积累输出在目标信号所占据的距离单元上均有所衰退，在多普勒维上还产生了明显的旁瓣。

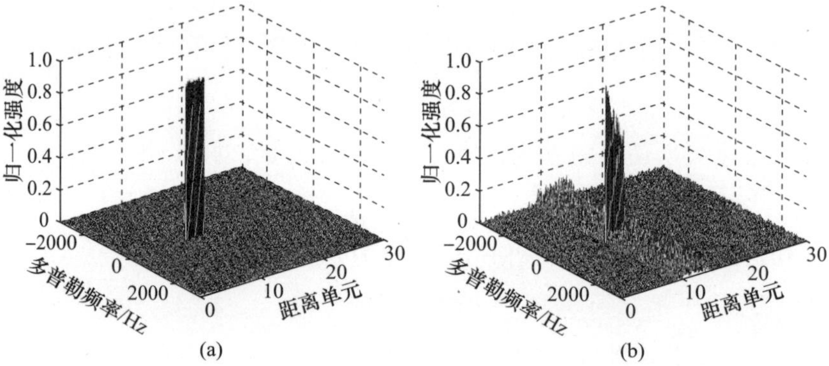

图3.15 块自适应和采样自适应后的脉冲相参积累输出(信噪比为5dB)(见彩图)

为了更清楚地看出两种加权方式下脉冲相参积累结果的区别，将图3.15的积累结果分别在距离维和多普勒维(取第10个距离单元)上展开，如图3.16(a)和(b)所示。由图可见，相对于块自适应，采样自适应的积累结果在距离维和多普勒维上都有所下降，而且在相邻的距离单元上还产生了旁瓣，在多普勒维上的旁瓣也有了明显的抬升。

当信噪比为10dB时，积累结果分别如图3.17(a)和(b)所示。由图可见，积累输出有了更为明显的衰退，多普勒维的旁瓣也略有抬升。在距离维和多普勒维上展开的结果分别如图3.18(a)和(b)所示。由图可以看出，在第11个和第12个距离单元上的积累输出已经低于0.5，而在相邻的第13个和第14个距离单元上出现了更高的旁瓣。在第10个距离单元上多普勒维的归一化积累输出也降低到了0.6。显然，这些现象对雷达的目标检测会产生不利的影响。

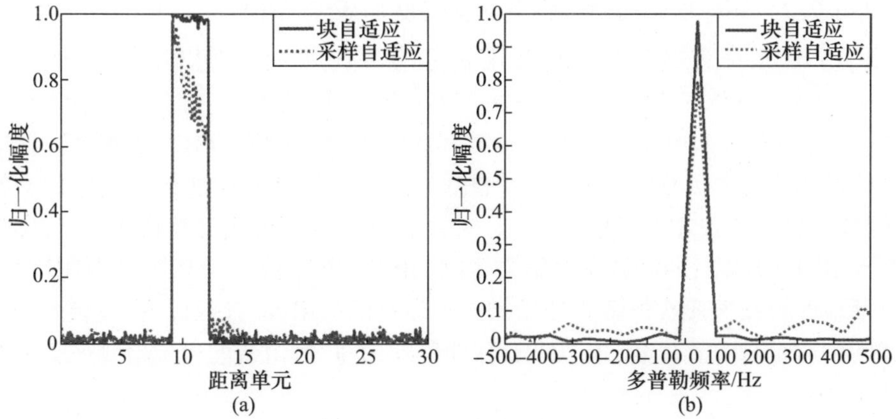

图 3.16　距离维和多普勒维上的相参积累输出(信噪比为 5dB)(见彩图)

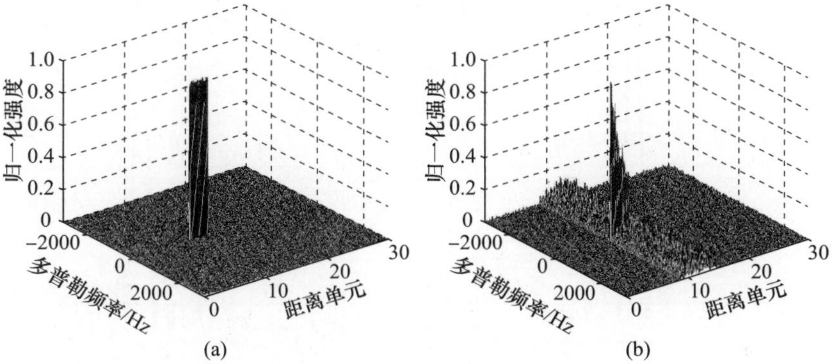

图 3.17　块自适应和采样自适应后的脉冲相参积累输出(信噪比为 10dB)(见彩图)

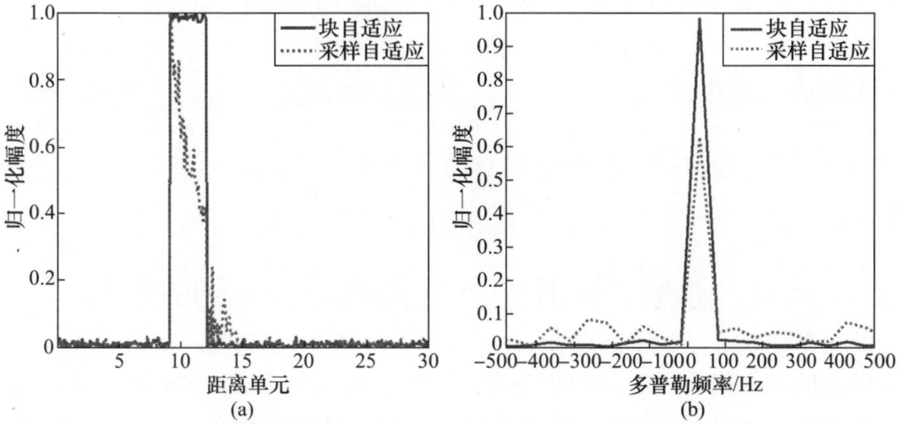

图 3.18　距离维和多普勒维上的脉冲相参积累输出(信噪比为 10dB)(见彩图)

3.5.2.2 采样自适应对线性调频信号脉冲压缩的影响

仍以16元自适应置零阵为例,目标位于0.5°方向,信号形式为线性调频脉冲,脉宽为6μs,带宽为5MHz。5个干扰均为不相关的噪声干扰,干噪比均为30dB,方向分别为-30°、-20°、20°、30°和60°,距离上铺满所有距离单元。自适应置零阵的瞄准方向为0°,分别采用块自适应和采样自适应的加权方式进行干扰抑制,采样自适应的遗忘因子取为0.1。对自适应置零阵的输出做脉冲压缩,信噪比取为5dB和10dB时的脉冲压缩结果分别如图3.19(a)和(b)所示。由图可见,采样自适应的加权方式会导致脉冲压缩产生较高的旁瓣,而且目标信号越强,产生的高旁瓣的数量越多。显然,这会降低脉冲压缩增益,对雷达的目标检测产生不利的影响。

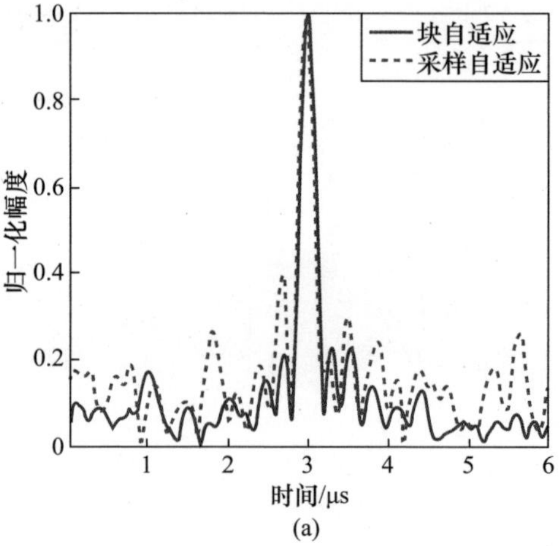

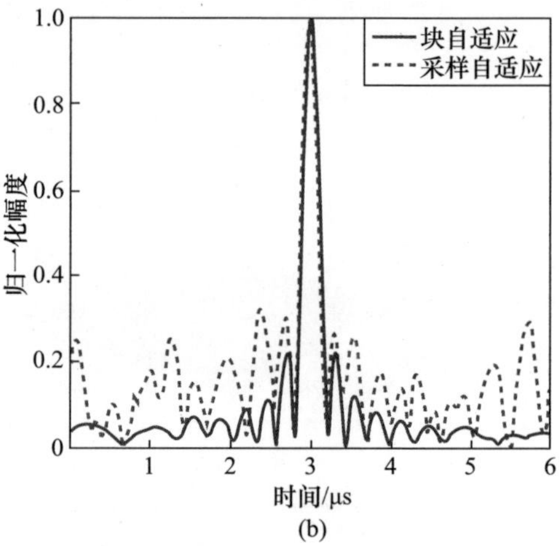

图3.19 块自适应和采样自适应后的脉冲压缩输出(见彩图)

3.5.3 结论

采样自适应会对信号的相参积累产生不利影响,而且这种影响是不可以忽略的。

3.6 信号的空间相关性对自适应阵列的影响

信号的时间相关性表示的是一个信号经过一定的延迟后与原信号的相似程度。由此可以引申出信号的空间相关性[34],即一个远场平面波在空间上不同的两点接收后得到的两个信号之间的相关性。对于阵列而言,这种相关性可以用一个

远场平面波被两个相邻通道 a 和 b 接收后得到的两路信号的相关系数表征，即

$$\rho_{ab} = \frac{E[s_a s_b^*]}{\sqrt{|s_a|^2}\sqrt{|s_b|^2}} \tag{3.119}$$

在理想的情况下，即两个通道间距很近，通道幅相特性一致，且远场窄带信号为无跳变点的连续波时，两路信号之间只存在一个固定的相位差 $\Delta\varphi$，即

$$s_a = \mathrm{e}^{\mathrm{j}\Delta\varphi} s_b \tag{3.120}$$

将式(3.120)代入式(3.119)，可得

$$\rho_{ab} = \mathrm{e}^{\mathrm{j}\Delta\varphi} \tag{3.121}$$

即

$$|\rho_{ab}| = 1, \arg(\rho_{ab}) = \Delta\varphi \tag{3.122}$$

此时，我们称这个信号空间完全相关。前面对自适应阵列的所有讨论都是基于空间完全相关这一假设的。但在实际中，信号的空间相关性取决于通道间的幅相一致性、通道间距和信号形式，不可能是完全相关的，而是部分相关的，即

$$0 < |\rho_{ab}| < 1 \tag{3.123}$$

信号的空间相关性会对自适应阵列的性能产生影响，本节对这种影响进行讨论。

3.6.1 空间相关性对旁瓣对消系统性能的影响[2]

以单辅助通道的旁瓣对消系统为例，设主通道收到的干扰信号为 j_0，辅助通道收到的干扰信号为 j_1，两路通道的噪声不相关，功率均为 σ_n^2，则

$$\boldsymbol{R}_{xx} = \sigma_j^2 + \sigma_n^2 \tag{3.124}$$

$$\boldsymbol{r}_{xy} = E\{j_0^* j_1\} = \rho_{10}\sqrt{\sigma_{j_0}^2 \sigma_{j_1}^2} \tag{3.125}$$

式中

$$\rho_{10} = \frac{E\{j_0^* j_1\}}{\sqrt{\sigma_{j_0}^2 \sigma_{j_1}^2}} \tag{3.126}$$

表示干扰信号的空间相关系数。

最优权值为

$$w = \frac{\rho_{10}\sqrt{\sigma_{j_0}^2 \sigma_{j_1}^2}}{\sigma_j^2 + \sigma_n^2} = \alpha\rho_{10} \tag{3.127}$$

式中

$$\alpha=\frac{\sqrt{\sigma_{j_0}^2\sigma_{j_1}^2}}{\sigma_j^2+\sigma_n^2} \tag{3.128}$$

则干扰对消比为

$$\begin{aligned}\mathrm{CR}&=\frac{\sigma_{j_0}^2}{E\{|j_0-w^*j_1|^2\}}\\&=\frac{\sigma_{j_0}^2}{E\{(j_0-\alpha\rho_{10}^*j_1)(j_0^*-\alpha\rho_{10}j_1^{\ *})\}}\\&=\frac{\sigma_{j_0}^2}{E\{|j_0|^2+\alpha^2|\rho_{10}|^2|j_1|^2-\alpha\rho_{10}^*j_0^*j_1-\alpha\rho_{10}j_0j_1^*\}}\\&=\frac{\sigma_{j_0}^2}{\sigma_{j_0}^2+\alpha^2|\rho_{10}|^2\sigma_{j_1}^2-\alpha\rho_{10}^*\boldsymbol{r}_{xy}-\alpha\rho_{10}\boldsymbol{r}_{xy}^*}\end{aligned} \tag{3.129}$$

将式(3.125)代入式(3.129),可得

$$\mathrm{CR}=\frac{\sigma_{j_0}^2}{\sigma_{j_0}^2+\alpha^2|\rho_{10}|^2\sigma_{j_1}^2-2\alpha|\rho_{10}|^2\sqrt{\sigma_{j_0}^2\sigma_{j_1}^2}} \tag{3.130}$$

由此可见,对消比取决于干扰功率和干扰信号的空间相关系数的幅度。由于辅助天线的增益与主天线的旁瓣增益相近,而且干扰功率远远强于通道噪声的功率,即

$$\sigma_{j_0}^2=\sigma_{j_1}^2=\sigma_j^2>>\sigma_n^2 \tag{3.131}$$

将式(3.131)代入式(3.128),可得

$$\alpha\approx 1 \tag{3.132}$$

则

$$\mathrm{CR}\approx\frac{\sigma_j^2}{\sigma_j^2-|\rho_{10}|^2\sigma_j^2}=\frac{1}{1-|\rho_{10}|^2} \tag{3.133}$$

由此可见,干扰信号的空间相关性越高,即 $|\rho_{10}|$ 越趋于 1 时,旁瓣对消系统的对消比越高,如图 3.20 所示。由图可以看出,干扰信号的空间相关性对旁瓣对消系统的性能的影响是非常明显的,空间相关系数的轻微下降都会引起对消比的明显衰退。例如,当干噪比为 30dB 时,如果干扰信号的空间相关系数的幅度为 0.99999,则系统的对消比为 30dB;如果干扰信号的空间相关系数的幅度降低为 0.9,则系统的对消比只有 7dB。相关系统的幅度只降低了 0.09999,但系统的对消比却下降了 23dB。

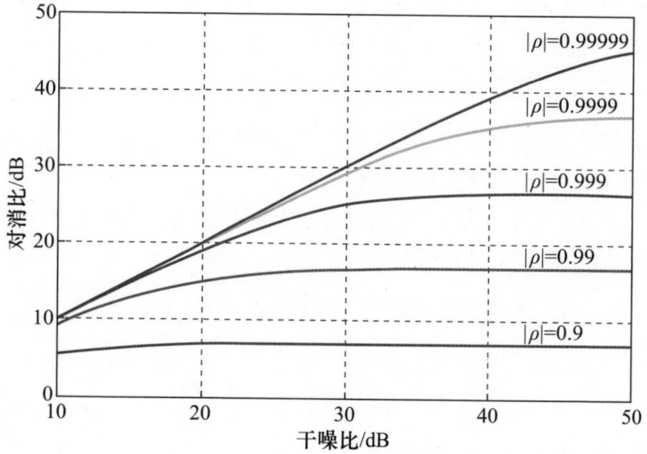

图 3.20　干扰信号的不同空间相关系数下的旁瓣对消系统的对消比

3.6.2　空间相关性对自适应置零阵性能的影响

空间相关性对自适应置零阵的影响要比旁瓣对消系统复杂,需要用到较多的矩阵分析和计算。

3.6.2.1　空间相关矩阵[34]

自适应置零阵的输入矢量为

$$\boldsymbol{x}(n)=\boldsymbol{j}(n)+\boldsymbol{s}(n)+\boldsymbol{n}(n) \tag{3.134}$$

其自相关矩阵为

$$\begin{aligned}\boldsymbol{R}_{xx}&=E\{[\boldsymbol{s}(n)+\boldsymbol{j}(n)+\boldsymbol{n}(n)][\boldsymbol{s}(n)+\boldsymbol{j}(n)+\boldsymbol{n}(n)]^{\mathrm{H}}\}\\&=\boldsymbol{R}_{ss}+\boldsymbol{R}_{jj}+\boldsymbol{R}_{nn}\end{aligned} \tag{3.135}$$

由于噪声在空间上也具有白噪声特性,则

$$\boldsymbol{R}_{nn}=\sigma^2\boldsymbol{I} \tag{3.136}$$

$$\boldsymbol{R}_{j+n,\,j+n}=\boldsymbol{R}_{jj}+\sigma^2\boldsymbol{I} \tag{3.137}$$

自适应置零阵的权矢量为

$$\boldsymbol{w}_{\mathrm{opt}}=\alpha\boldsymbol{R}_{j+n,\,j+n}^{-1}\boldsymbol{a}(\theta_s) \tag{3.138}$$

式中:α 为一个常数;θ_s 为目标信号的方向;$\boldsymbol{a}(\theta_s)$ 为阵列对目标信号的导向矢量。

阵列的输出信噪比为

$$(\mathrm{SJNR})_{\mathrm{out}}=\frac{\boldsymbol{w}^{\mathrm{H}}\boldsymbol{R}_{ss}\boldsymbol{w}}{\boldsymbol{w}^{\mathrm{H}}\boldsymbol{R}_{j+n,\,j+n}\boldsymbol{w}} \tag{3.139}$$

将式(3.138)所示的最优权代入式(3.139),可得

$$(\mathrm{SJNR})_{\mathrm{opt}} = \frac{\boldsymbol{a}^{\mathrm{H}}(\theta_s)\boldsymbol{R}_{j+n,j+n}^{-1}\boldsymbol{R}_{ss}\boldsymbol{R}_{j+n,j+n}^{-1}\boldsymbol{a}(\theta_s)}{\boldsymbol{a}^{\mathrm{H}}(\theta_s)\boldsymbol{R}_{j+n,j+n}^{-1}\boldsymbol{a}(\theta_s)} \tag{3.140}$$

本节之前的讨论中假设目标信号和干扰信号都是完全空间相关的,这在工程中是不可能实现的。下面我们对此进行讨论。

假设只有一个平均功率为 σ^2 的信号从方向 θ 入射到阵列上。当该信号完全空间相关时,输入矢量的自相关矩阵为

$$\boldsymbol{R} = E\{\boldsymbol{x}(n)\boldsymbol{x}(n)^{\mathrm{H}}\} = \sigma^2\boldsymbol{a}(\theta)\boldsymbol{a}^{\mathrm{H}}(\theta) \tag{3.141}$$

则

$$\boldsymbol{a}(\theta) = [1\ \mathrm{e}^{\mathrm{j}u}\cdots\mathrm{e}^{\mathrm{j}(M-1)u}]^{\mathrm{T}} \tag{3.142}$$

式中:$u = 2\pi d\sin\theta/\lambda$ 。

矩阵 $\boldsymbol{R}$ 中的第 k 行第 l 个元素为

$$R_{kl} = \sigma^2\mathrm{e}^{\mathrm{j}(k-l)u} \tag{3.143}$$

当信号在空间上不满足完全相关时,$\boldsymbol{R}$ 中的元素应当改写为

$$R_{kl} = \sigma^2\mathrm{e}^{\mathrm{j}(k-l)u}p_{kl} \tag{3.144}$$

式中:p_{kl} 表示第 k 个和第 l 个阵元收到的信号相关系数的幅度,所有的 p_{kl} 组成了空间相关矩阵 $\boldsymbol{P}$,即

$$\boldsymbol{P} = \begin{pmatrix} p_{11} & \cdots & p_{1M} \\ \vdots & & \vdots \\ p_{M1} & \cdots & p_{MM} \end{pmatrix} \tag{3.145}$$

令 $\boldsymbol{F} = \mathrm{diag}\{\boldsymbol{a}(\theta)\}$,则信号不满足空间完全相关时的自相关矩阵可以写为

$$\boldsymbol{R} = \sigma^2\boldsymbol{FPF}^{\mathrm{H}} \tag{3.146}$$

空间相关矩阵 $\boldsymbol{P}$ 的形式不仅与自适应置零阵的布阵方式和通道特性有关,还与信号的形式和入射角度有关。对于不同的自适应置零阵在不同的应用场景中,空间相关矩阵都是不同的。为便于说明问题,本书采用一种比较简单的空间相关矩阵模型,其形式为

$$\boldsymbol{P} = \begin{bmatrix} 1 & p & p^2 & \cdots & p^{M-1} \\ p & 1 & p & \cdots & p^{M-2} \\ \vdots & \vdots & \vdots & & \vdots \\ p^{M-2} & \cdots & p & 1 & p \\ p^{M-1} & \cdots & p^2 & p & 1 \end{bmatrix} \tag{3.147}$$

式(3.147)中 $0 < p < 1$，表示信号在两个相邻通道上的空间相关系数的幅度，这种模型认为信号在任意两个相邻通道上的空间相关系数幅度相等。两个通道相距越远，空间相关系数的幅度就越小，并且空间相关系数的幅度与通道间的间距呈现级数关系。这种相关矩阵的模型对于均匀线阵是有一定适用性的。容易求出这类矩阵的逆矩阵为

$$\boldsymbol{P}^{-1} = \frac{1}{1-p^2}\begin{bmatrix} 1 & -p & 0 & \cdots & 0 \\ -p & 1+p^2 & -p & \cdots & 0 \\ \vdots & \vdots & \vdots & & \vdots \\ 0 & \cdots & -p & 1+p^2 & -p \\ 0 & \cdots & 0 & -p & 1 \end{bmatrix} \tag{3.148}$$

为了体现出空间相关性对自适应置零阵的性能的影响，需要找到一个性能参考，我们将工作于理想环境下的自适应置零阵的输出信干噪比作为性能参考。当基于二阶统计时，自适应置零阵的理想环境就是：只有目标信号和通道内的白噪声，没有干扰信号，而且目标信号是完全空间相关的，有

$$\boldsymbol{R}_{ss} = \sigma_s^2\boldsymbol{a}(\theta)\boldsymbol{a}(\theta)^{\mathrm{H}} \tag{3.149}$$

$$\boldsymbol{R}_{j+n,\,j+n} = \sigma_n^2\boldsymbol{I} \tag{3.150}$$

则

$$\boldsymbol{R}_{j+n,\,j+n}^{-1} = \frac{1}{\sigma_n^2}\boldsymbol{I} \tag{3.151}$$

将式(3.151)代入式(3.140)，可得此时的阵列输出信干噪比为

$$(\mathrm{SJNR})_0 = \frac{\dfrac{\sigma_s^2}{\sigma_n^2}\boldsymbol{a}^{\mathrm{H}}(\theta_s)\boldsymbol{a}(\theta_s)\,\boldsymbol{a}^{\mathrm{H}}(\theta_s)\boldsymbol{a}(\theta_s)}{\boldsymbol{a}^{\mathrm{H}}(\theta_s)\boldsymbol{a}(\theta_s)} \tag{3.152}$$

对于 M 元的自适应置零阵，有

$$\boldsymbol{a}^{\mathrm{H}}(\theta_s)\boldsymbol{a}(\theta_s) = M \tag{3.153}$$

将式(3.153)代入式(3.152)，可得输出信干噪比为

$$(\mathrm{SJNR})_0 = M\frac{\sigma_s^2}{\sigma_n^2} \tag{3.154}$$

即工作在理想状态下的 M 元自适应置零阵相对于单个阵元带来了 M 倍的信噪比增益。我们将此输出信干噪比作为后面讨论空间相关性对自适应置零阵的性能影响的参考，并将 $(\mathrm{SJNR})_0$ 和实际输出信干噪比的比值定义为自适应置零阵因空间

部分相关而造成的性能损失 L，即

$$L = \frac{(\mathrm{SJNR})_{\mathrm{opt}}}{(\mathrm{SJNR})_0} \tag{3.155}$$

以此性能损失衡量空间相关性对自适应置零阵性能的影响程度。

下面分别讨论目标信号的空间相关性和干扰信号的空间相关性对自适应置零阵性能的影响。

3.6.2.2 目标信号的空间相关性对自适应置零阵性能的影响[34]

首先考虑目标信号的空间相关性的影响，当只有目标信号入射到自适应置零阵上时，信号的自相关矩阵可以写为

$$\boldsymbol{R}_{ss} = \sigma_s^2 \boldsymbol{F}_s \boldsymbol{P}_s \boldsymbol{F}_s^{\mathrm{H}} \tag{3.156}$$

式中：σ_s^2 为目标信号的功率；矩阵 $\boldsymbol{F}_s$ 和 $\boldsymbol{P}_s$ 可定义为

$$\boldsymbol{F}_s = \mathrm{diag}\{\boldsymbol{a}(\theta_s)\} \tag{3.157}$$

$$\boldsymbol{P}_s = \begin{bmatrix} 1 & p_s & p_s^2 & \cdots & p_s^{N-1} \\ p_s & 1 & p_s & \cdots & p_s^{N-2} \\ \vdots & \vdots & \vdots & & \vdots \\ p_s^{N-2} & \cdots & p_s & 1 & p_s \\ p_s^{N-1} & \cdots & p_s^2 & p_s & 1 \end{bmatrix} \tag{3.158}$$

式中：p_s 为两个相邻通道收到的目标信号的相关系数的幅度。

由于没有干扰信号，则干扰加噪声的自相关矩阵就是噪声的自相关矩阵，即

$$\boldsymbol{R}_{j+n,\,j+n} = \sigma_n^2 \boldsymbol{I} \tag{3.159}$$

则

$$\boldsymbol{R}_{j+n,\,j+n}^{-1} = \frac{1}{\sigma_n^2}\boldsymbol{I} \tag{3.160}$$

将式(3.156)和式(3.160)代入式(3.140)，可得此时自适应置零阵输出的信噪比为

$$(\mathrm{SJNR})_{\mathrm{opt}} = \frac{\dfrac{\sigma_s^2}{\sigma_n^2}\boldsymbol{a}^{\mathrm{H}}(\theta_s)\boldsymbol{F}_s\boldsymbol{P}_s\boldsymbol{F}_s^{\mathrm{H}}\boldsymbol{a}(\theta_s)}{\boldsymbol{a}^{\mathrm{H}}(\theta_s)\boldsymbol{a}(\theta_s)} \tag{3.161}$$

$$= \frac{\sigma_s^2}{M\sigma_n^2}\boldsymbol{a}^{\mathrm{H}}(\theta_s)\boldsymbol{F}_s\boldsymbol{P}_s\boldsymbol{F}_s^{\mathrm{H}}\boldsymbol{a}(\theta_s)$$

由于

$$a^{\mathrm{H}}(\theta_s)F_s=a^{\mathrm{H}}(\theta_s)\mathrm{diag}\{a(\theta_s)\}=[1,\cdots,1] \tag{3.162}$$

是元素均为 1 的 $1\times M$ 的行矢量,并且

$$F_s^{\mathrm{H}}a(\theta_s)=\mathrm{diag}\{a^*(\theta_s)\}a(\theta_s)=[1,\cdots,1]^{\mathrm{T}} \tag{3.163}$$

是元素均为 1 的 $M\times 1$ 的列矢量,则

$$a^{\mathrm{H}}(\theta_s)F_sP_sF_s^{\mathrm{H}}a(\theta_s)=[1,\cdots,1]P_s[1,\cdots,1]^{\mathrm{T}}=\sum_{k=1}^{M}\sum_{l=1}^{M}P_{s,kl} \tag{3.164}$$

是一个标量,其值为目标信号的空间相关阵 P_s 的所有元素之和。由式(3.158)可以看出,P_s 是对称阵,将每条斜线上的元素相加,即可得出 P_s 的所有元素之和,即

$$\sum_{k=1}^{M}\sum_{l=1}^{M}P_{s,kl}=M+2\sum_{l=1}^{M-1}(M-l)p_s^l \tag{3.165}$$

最终,可得输出信干噪比为

$$(\mathrm{SJNR})_{\mathrm{opt}}=\frac{\sigma_s^2}{M\sigma_n^2}\left[M+2\sum_{l=1}^{M-1}(M-l)p_s^l\right] \tag{3.166}$$

则由空间相关性导致的信干噪比损失为

$$L=\frac{(\mathrm{SJNR})_0}{(\mathrm{SJNR})_{\mathrm{opt}}}=\frac{M^2}{M+2\sum_{l=1}^{M-1}(M-l)p_s^l} \tag{3.167}$$

由式(3.169)可见,当目标信号完全空间相关即 $p_s\approx 1$ 时,$L\approx 1=0\ \mathrm{dB}$,即自适应置零阵的性能没有损失;当目标信号完全空间不相关即 $p_s\approx 0$ 时,$L\approx M$,即信噪比损失了 M 倍,这说明自适应置零阵相对于单个阵元,没有带来任何的信干噪比增益。信干噪比损失 L 和目标信号的相关系数的幅度 p_s 的关系如图 3.21 所示。

3.6.2.3　干扰信号的空间相关性对自适应置零阵性能的影响[34]

下面讨论干扰信号的空间相关性对自适应置零阵性能的影响。为了便于分析,假设此时目标信号是空间完全相关的,干扰信号只有一个,并且是空间部分相关的,干扰的入射角度为 θ_i,平均功率为 σ_i^2。由于目标信号是空间完全相关的,则

$$R_{ss}=\sigma_s^2a(\theta_s)a(\theta_s)^{\mathrm{H}} \tag{3.168}$$

将式(3.168)代入式(3.140),可得阵列的输出信噪比为

$$(\mathrm{SJNR})_{\mathrm{opt}}=\frac{\sigma_s^2a^{\mathrm{H}}(\theta_s)R_{j+n,j+n}^{-1}a(\theta_s)a(\theta_s)^{\mathrm{H}}R_{j+n,j+n}^{-1}a(\theta_s)}{a^{\mathrm{H}}(\theta_s)R_{j+n,j+n}^{-1}a(\theta_s)} \tag{3.169}$$

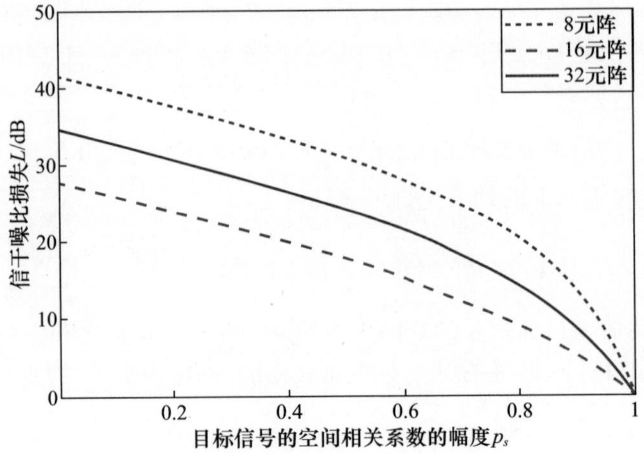

图 3.21 信干噪比损失与目标信号的空间相关系数的幅度的关系

由于 $\boldsymbol{a}^{\mathrm{H}}(\theta_s)\boldsymbol{R}_{j+n,\,j+n}^{-1}\boldsymbol{a}(\theta_s)$ 是个标量，因而可以约去，则

$$(\mathrm{SJNR})_{\mathrm{opt}} = \sigma_s^2\,\boldsymbol{a}^{\mathrm{H}}(\theta_s)\,\boldsymbol{R}_{j+n,\,j+n}^{-1}\boldsymbol{a}(\theta_s) \tag{3.170}$$

其中

$$\boldsymbol{R}_{j+n,\,j+n} = \boldsymbol{R}_{jj} + \sigma_n^2\boldsymbol{I} \tag{3.171}$$

一般情况下，干扰功率是远远强于噪声功率的，并且不同通道间的噪声都是不相关的，因而此处可以忽略噪声，则

$$\boldsymbol{R}_{j+n,\,j+n} \approx \boldsymbol{R}_{jj} \tag{3.172}$$

当考虑空间相关性时，根据式(3.146)可将干扰的自相关矩阵写为

$$\boldsymbol{R}_{j+n,\,j+n} \approx \boldsymbol{R}_{jj} = \sigma_j^2\,\boldsymbol{F}_j\,\boldsymbol{P}_j\,\boldsymbol{F}_j^{\mathrm{H}} \tag{3.173}$$

其中

$$\boldsymbol{F}_j = \mathrm{diag}\{\boldsymbol{a}(\theta_j)\} \tag{3.174}$$

$$\boldsymbol{P}_j = \begin{bmatrix} 1 & p_j & p_j^2 & \cdots & p_j^{N-1} \\ p_j & 1 & p_j & \cdots & p_j^{N-2} \\ \vdots & \vdots & & & \vdots \\ p_j^{N-2} & \cdots & p_j & 1 & p_j \\ p_j^{N-1} & \cdots & p_j^2 & p_j & 1 \end{bmatrix} \tag{3.175}$$

由式(3.173)可得 $\boldsymbol{R}_{j+n,\,j+n}$ 的逆矩阵为

$$\boldsymbol{R}_{j+n,j+n}^{-1} \approx \frac{1}{\sigma_j^2}\boldsymbol{F}_j\boldsymbol{P}_j^{-1}\boldsymbol{F}_j^{\mathrm{H}} \tag{3.176}$$

将式(3.176)代入式(3.170),可得输出信噪比为

$$(\mathrm{SJNR})_{\mathrm{opt}} \approx \frac{\sigma_s^2}{\sigma_j^2}\boldsymbol{a}^{\mathrm{H}}(\theta_s)\boldsymbol{F}_j\boldsymbol{P}_j^{-1}\boldsymbol{F}_j^{\mathrm{H}}\boldsymbol{a}(\theta_s) \tag{3.177}$$

由式(3.148)可得空间相关阵 $\boldsymbol{P}_i$ 的逆矩阵为

$$\boldsymbol{P}_j^{-1} = \frac{1}{1-p_j^2}\begin{bmatrix} 1 & -p_j & 0 & \cdots & 0 \\ -p_j & 1+p_j^2 & -p_j & \cdots & 0 \\ \vdots & \vdots & \vdots & & \vdots \\ 0 & \cdots & -p_j & 1+p_j^2 & -p_j \\ 0 & \cdots & 0 & -p_j & 1 \end{bmatrix} \tag{3.178}$$

由式(3.142)和式(3.174),可知

$$\boldsymbol{a}^{\mathrm{H}}(\theta_s)\boldsymbol{F}_j = [1\ \mathrm{e}^{\mathrm{j}u_{js}},\cdots,\mathrm{e}^{\mathrm{j}(M-1)u_{js}}] \tag{3.179}$$

式中:$u_{js} = u_j - u_s = 2\pi d(\sin\theta_j - \sin\theta_s)/\lambda$,则

$$\boldsymbol{F}_j^{\mathrm{H}}\boldsymbol{a}(\theta_s) = [\boldsymbol{a}^{\mathrm{H}}(\theta_s)\boldsymbol{F}_j]^{\mathrm{H}} = [1\ \mathrm{e}^{-\mathrm{j}u_{js}},\cdots,\mathrm{e}^{-\mathrm{j}(M-1)u_{js}}]^{\mathrm{T}} \tag{3.180}$$

将式(3.178)、式(3.179)和式(3.180)代入式(3.177),得输出信干噪比为

$$(\mathrm{SJNR})_{\mathrm{opt}} \approx \frac{\sigma_s^2}{\sigma_j^2(1-p_j^2)}[M+(M-2)p_j^2-2(M-1)\cos(u_{js})p_j] \tag{3.181}$$

将式(3.181)代入式(3.155),可得信干噪比损失为

$$\begin{aligned} L &= \frac{M\sigma_j^2(1-p_j^2)}{\sigma_n^2[M+(M-2)p_j^2-2(M-1)\cos(u_{js})p_j]} \\ &= \frac{M\cdot\mathrm{JNR}(1-p_j^2)}{M+(M-2)p_j^2-2(M-1)\cos(u_{js})p_j} \end{aligned} \tag{3.182}$$

式中:$\mathrm{JNR} = \sigma_j^2/\sigma_n^2$ 表示单个通道的干噪比。

当自适应置零阵的阵元数目很多即 $M >> 1$ 时,式(3.182)可以近似为

$$L \approx \frac{\mathrm{JNR}(1-p_j^2)}{1+p_j^2-2\cos(u_{js})p_j} \tag{3.183}$$

由此可见,由于干扰信号的空间部分相关导致的信噪比损失主要取决于干扰信号在相邻通道间的空间相关系数的幅度 p_j、阵列的输入干噪比以及干扰信号与

目标信号的角度，而且容易看出，干噪比越大，输出信噪比的损失越大。由于 $\sin\theta$ 在 $\theta \in [-\pi/2, \pi/2]$ 是单调递增的，由式(3.183)可以看出，当目标信号和干扰信号的夹角越大时，$|u_{js}|$ 就越大，则 $\cos(u_{js})$ 就越小，L 就越小，即干扰信号与目标信号的夹角越大，输出信噪比的损失越小。将 L 对 p_i 求导可以很容易得出当 $p_j \in [0,1]$ 时，L 是单调递减的，即干扰信号的空间相关性越高，输出信噪比的损失越小。

图 3.22 是按照式(3.182)分别对 8 元和 16 元的自适应置零阵在 10dB、20dB 和 30dB 的干噪比下画出的信干噪比损失与干扰信号的空间相关系数幅度的关系。由图可以看出，干噪比越高，自适应置零阵的信干噪比的损失越大；干扰信号的空间相关性越低，自适应置零阵的信干噪比的损失越严重。从图中还可以看出，干扰信号与目标信号的夹角越大，信干噪比的损失就越小。由于阵元数远远大于 1，所以，阵元数目的影响是可以忽略的。

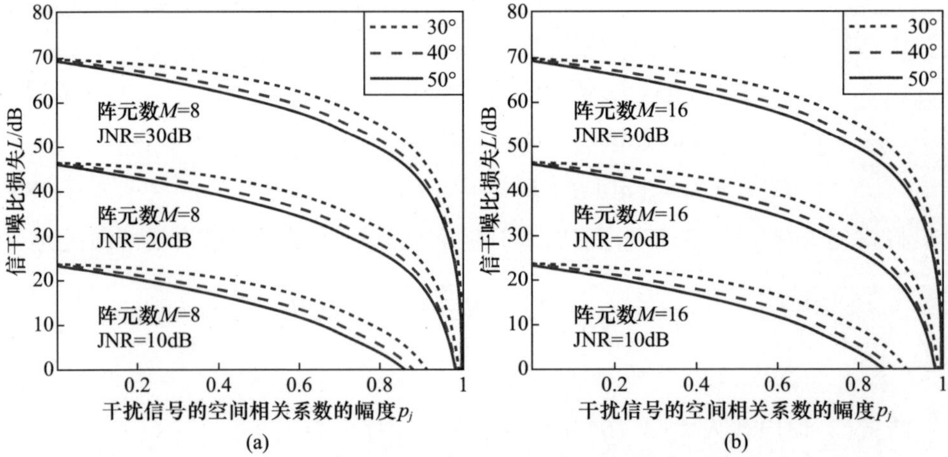

图 3.22 信干噪比损失与干扰信号的空间相关系数的幅度的关系

3.6.3 结论

自适应阵列的性能与信号的空间相关性密切相关。对于旁瓣对消系统，干扰信号的空间相关系数的轻微减小就会导致其对消比的明显衰落。对于自适应置零阵，目标信号和干扰信号的空间相关系数的减小都会导致明显的信干噪比损失。

第 4 章

自适应阵列的性能上限

4.1 引　言

自适应置零阵能否将干扰完全抑制掉？如果不能，最多可以抑制到什么程度？这就引出了自适应阵列性能上限的问题。这个性能上限可以提供一个参考基准，用于对不同干扰环境下自适应阵列的性能进行量化评估。自适应阵列的性能上限可以理解为自适应在理想条件下所能达到的干扰抑制性能，此处的理想条件[35]是指对干扰环境和自适应阵列做如下约束。

(1) 不同方向上的干扰信号的个数不能超过自适应阵列的自由度维数，我们考虑只有一个干扰的情况。

(2) 干扰信号与目标信号不相关。

(3) 目标信号可以忽略且不存在信号失配。

(4) 干扰信号的方向固定。

(5) 干扰信号在空间上完全相关，即空间相关系数的幅度为 1。

(6) 各个阵元的方向图一致。

(7) 各个通道的幅相特征一致。

(8) 阵元间的互耦效应可以忽略。

(9) 模/数(A/D)转换器的采样位数足够，量化误差和有限字长效应可以忽略。

(10) 用于计算权矢量的训练样本数足够多。

在上述 10 个约束下，自适应阵列可以充分发挥其干扰抑制性。下面分别对旁瓣对消系统和自适应置零阵的性能上限进行分析。

4.2 旁瓣对消系统的性能上限分析[35]

满足条件(1) ~(5)的单个干扰从旁瓣进入满足条件(6) ~(10)旁瓣对消系

统。由条件(7)可知,各通道的内部噪声的功率是相等的,设为 σ^2 。由条件(6)可知,各辅助通道收到的干扰功率是相等的,设为 P_{ja} 。所以各辅助通道的干噪比也是相等的,设为 JNR_a 。由条件(3)可知,辅助阵的输入矢量为

$$\boldsymbol{x} = \boldsymbol{j} + \boldsymbol{n} \tag{4.1}$$

进而可得协方差矩阵和互相关矢量分别为

$$\begin{aligned}\boldsymbol{R}_{xx} &= E[\boldsymbol{x}\boldsymbol{x}^{\mathrm{H}}] \\ &= E[\boldsymbol{j}\boldsymbol{j}^{\mathrm{H}}] + E[\boldsymbol{n}\boldsymbol{n}^{\mathrm{H}}] \\ &= \boldsymbol{R}_{jj} + \sigma^2\boldsymbol{I}\end{aligned} \tag{4.2}$$

$$\begin{aligned}\boldsymbol{R}_{xy} &= E[\boldsymbol{x}y^*] \\ &= E[(\boldsymbol{j}+\boldsymbol{n})(s_0 + j_0 + n_0)^*] \\ &= E[j_0^*\boldsymbol{j}]\end{aligned} \tag{4.3}$$

则旁瓣对消系统的权矢量为

$$\boldsymbol{w} = (\boldsymbol{R}_{jj} + \sigma^2\boldsymbol{I})^{-1}E[j_0^*\boldsymbol{j}] \tag{4.4}$$

所以,系统的对消比为

$$\mathrm{CR} = \frac{P_{j0}}{E[\,|j_0 - \boldsymbol{w}^{\mathrm{H}}\boldsymbol{j}|^2]} \tag{4.5}$$

式中: $P_{j0} = E[\,|j_0|^2]$ 为对消前主通道中收到的干扰信号功率。

下面,根据辅助通道的个数分情况进行讨论。

4.2.1 单辅助通道下的性能分析

首先考虑只有一个辅助通道的情况,由式(4.4)可知,此时辅助通道的权值为

$$w = \frac{E[j_0^* j_1]}{E[\,|j_1|^2] + \sigma^2} = \frac{E[j_0^* j_1]}{P_{j1} + \sigma^2} \tag{4.6}$$

式中: P_{j1} 为辅助通道中的干扰信号的功率。

将式(4.6)代入式(4.5),可得对消比为

$$\mathrm{CR}_1 = \frac{P_{j0}}{E[\,|j_0 - w^* j_1|^2]} = \frac{P_{j0}}{E\left[\left|j_0 - \dfrac{E[j_0 j_1^*]}{P_{j1}+\sigma^2}j_1\right|^2\right]} \tag{4.7}$$

设主天线在干扰方向上的幅度增益是辅助天线幅度增益的 A 倍,主天线与辅助天线的相位中心间距是 d ,并设干扰信号的波长是 λ ,则主天线收到的干扰信

号与辅助天线收到的干扰信号的相位差是 $\varphi = 2\pi d\sin\theta/\lambda$，所以，有

$$j_0 = A\mathrm{e}^{-\mathrm{j}\varphi} j_1 \tag{4.8}$$

将式(4.8)代入式(4.7)，可得

$$\begin{aligned}
\mathrm{CR}_1 &= \frac{P_{j0}}{E\left[\left|A\mathrm{e}^{-\mathrm{j}\varphi}j_1 - \dfrac{E[A\mathrm{e}^{-\mathrm{j}\varphi}j_1 j_1^*]}{P_{j1}+\sigma^2}j_1\right|^2\right]} \\
&= \frac{P_{j0}}{E\left[\left|A\mathrm{e}^{-\mathrm{j}\varphi}\left(1 - \dfrac{P_{j1}}{P_{j1}+\sigma^2}\right)j_1\right|^2\right]} \\
&= \frac{P_{j0}}{A^2\left(1 - \dfrac{P_{j1}}{P_{j1}+\sigma^2}\right)^2 P_{j1}} \\
&= \frac{P_{j0}/P_{j1}}{A^2\left(\dfrac{\sigma^2}{P_{j1}+\sigma^2}\right)^2}
\end{aligned} \tag{4.9}$$

由式(4.8)可知

$$P_{j0}/P_{j1} = A^2 \tag{4.10}$$

将式(4.10)代入式(4.9)，可得

$$\begin{aligned}
\mathrm{CR}_1 &= \frac{1}{\left(\dfrac{\sigma^2}{P_{j1}+\sigma^2}\right)^2} \\
&= \left(\frac{P_{j1}+\sigma^2}{\sigma^2}\right)^2 \\
&= (\mathrm{JNR}_\mathrm{a} + 1)^2
\end{aligned} \tag{4.11}$$

由式(4.11)可以看出，在只有一个辅助通道的情况下，旁瓣对消系统的对消比只取决于辅助通道的干噪比。

一般情况下，干扰功率是远远强于通道内部噪声的功率的，即 $\mathrm{JNR}_\mathrm{a} \geqslant 10$ 或 $(\mathrm{JNR}_\mathrm{a})_{\mathrm{dB}} \geqslant 10\mathrm{dB}$，则式(4.11)可以近似写为

$$\mathrm{CR}_1 \approx (\mathrm{JNR}_\mathrm{a})^2 \tag{4.12}$$

将式(4.12)以分贝的形式表示为

$$(\mathrm{CR}_1)_{\mathrm{dB}} \approx 2(\mathrm{JNR}_\mathrm{a})_{\mathrm{dB}} \tag{4.13}$$

4.2.2 两个及多个辅助通道下的性能分析

当系统有两个辅助通道时,设辅助通道1中收到的干扰信号为j_1,辅助通道2中收到的干扰信号为j_2,并定义通道间的相关系数为

$$r_{mn} = E[j_m j_n^*] \qquad m,n = 0,1,2 \tag{4.14}$$

令$\varphi = 2\pi d\sin\theta/\lambda$,则

$$\begin{cases} j_0 = A\mathrm{e}^{-\mathrm{j}\varphi} j_1 \\ j_0 = A\mathrm{e}^{-\mathrm{j}2\varphi} j_2 \\ j_1 = \mathrm{e}^{-\mathrm{j}\varphi} j_2 \end{cases} \tag{4.15}$$

两个辅助通道收到的干扰信号只存在相位差,其功率是相等的,即

$$P_{j1} = P_{j2} = P_{ja} \tag{4.16}$$

由式(4.14)可知

$$\begin{cases} r_{10} = r_{01}^* = A\mathrm{e}^{\mathrm{j}\varphi} P_{ja} \\ r_{20} = r_{02}^* = A\mathrm{e}^{\mathrm{j}2\varphi} P_{ja} \\ r_{12} = r_{21}^* = \mathrm{e}^{-\mathrm{j}\varphi} P_{ja} \end{cases} \tag{4.17}$$

由式(4.4)可以求出权矢量为

$$\begin{aligned} \boldsymbol{w} &= (\boldsymbol{R}_{jj} + \sigma^2 \boldsymbol{I})^{-1} E[j_0^* \boldsymbol{j}] \\ &= \begin{bmatrix} P_{ja} + \sigma^2 & r_{12} \\ r_{21} & P_{ja} + \sigma^2 \end{bmatrix}^{-1} \begin{bmatrix} r_{10} \\ r_{20} \end{bmatrix} \\ &= \left[\frac{A\mathrm{e}^{\mathrm{j}\varphi} P_{ja}}{2P_{ja} + \sigma^2} \; \frac{A\mathrm{e}^{\mathrm{j}2\varphi} P_{ja}}{2P_{ja} + \sigma^2} \right]^{\mathrm{T}} \end{aligned} \tag{4.18}$$

即两个辅助通道的权值分别为

$$w_1 = \frac{A\mathrm{e}^{\mathrm{j}\varphi} P_{ja}}{2P_{ja} + \sigma^2} \tag{4.19}$$

$$w_2 = \frac{A\mathrm{e}^{\mathrm{j}2\varphi} P_{ja}}{2P_{ja} + \sigma^2} \tag{4.20}$$

将式(4.20)代入式(4.5),可得系统的对消比为

$$\mathrm{CR}_2 = \frac{P_{j0}}{E[(j_0 - w_1^* j_1 - w_2^* j_2)(j_0 - w_1^* j_1 - w_2^* j_2)^*]} \tag{4.21}$$

化简可得

$$\mathrm{CR}_2 = \left(2\frac{P_{ja}}{\sigma^2}+1\right)^2 = (2\mathrm{JNR_a}+1)^2 \tag{4.22}$$

由此可见，在两个辅助通道的情况下，系统的对消比仍然只取决于辅助通道的干噪比。一般情况下，$\mathrm{JNR_a} \geqslant 10$，则式(4.22)可近似写为

$$\mathrm{CR}_2 \approx 4\mathrm{JNR_a^2} \tag{4.23}$$

将式(4.23)写成分贝形式，即

$$(\mathrm{CR}_2)_{\mathrm{dB}} \approx 2(\mathrm{JNR_a})_{\mathrm{dB}} + 6.02\mathrm{dB} \tag{4.24}$$

当系统的辅助通道数多于两个时，用同样的方法可以得出系统的对消比为

$$\mathrm{CR}_m = (m\mathrm{JNR_a}+1)^2 \tag{4.25}$$

式中：m 为辅助通道的个数（$m > 2$）。

由式(4.25)可见，对于确定的辅助通道数 m，系统的对消比也只取决于辅助通道的干噪比。

4.2.3　对消比上限

可以看出，在单个辅助通道和两个辅助通道下的对消比的表达式，即式(4.11)和式(4.24)分别对应于式(4.25)在 $m=1$ 和 $m=2$ 时的情形，所以式(4.25)就是旁瓣对消系统对消比上限的一般表达式。可以看出，旁瓣对消系统的对消比上限只取决于辅助通道的干噪比和辅助通道的个数。同样地，当$(\mathrm{JNR_a})_{\mathrm{dB}} \geqslant 10\mathrm{dB}$ 时，对消比可以近似写成

$$(\mathrm{CR}_m)_{\mathrm{dB}} \approx 2(\mathrm{JNR_a})_{\mathrm{dB}} + 10\lg m^2\mathrm{dB} \tag{4.26}$$

对旁瓣对消系统进行仿真，主天线的方向图如图 4.1 所示，辅助天线采用增益为 0 的全向天线。干扰从位于 20°方向上的第二旁瓣入射，辅助通道干噪比的取值范围是 0～50dB，并且不存在目标信号。考虑辅助通道的个数为一个和两个的情况，仿真得出的对消比和式(4.25)计算出的理论值如图 4.2(a)和(b)所示。由图可见，仿真结果与理论分析的结果吻合得很好。由 3.2 节的分析可知，旁瓣对消系统辅助通道的数量一般是很有限的，如“爱国者”MPQ－53 雷达只有 5 个辅助通道。对于四辅助通道和五辅助通道的旁瓣对消系统，对消比的仿真结果和理论结果分别如图 4.2(c)和(d)所示。由图可见，仿真结果与理论结果基本一致。

对于具有 5 个辅助通道的旁瓣对消系统，当辅助通道的干噪比分别取 10dB、20dB、30dB 和 40dB 时，对消比的理论值和仿真值如表 4.1 所列，二者基本上是一致的。

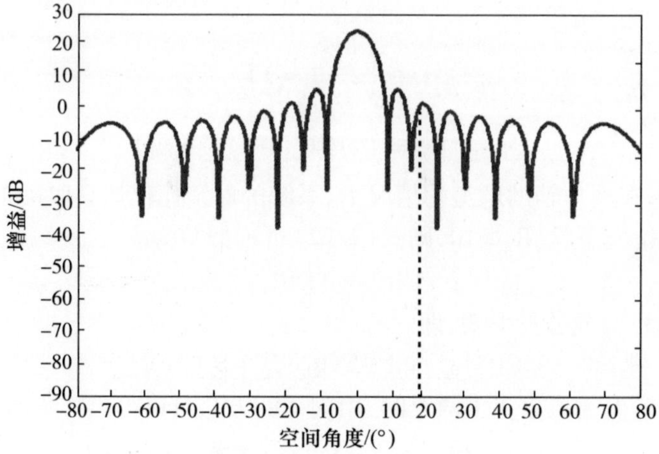

图 4.1　旁瓣对消系统的主天线方向图

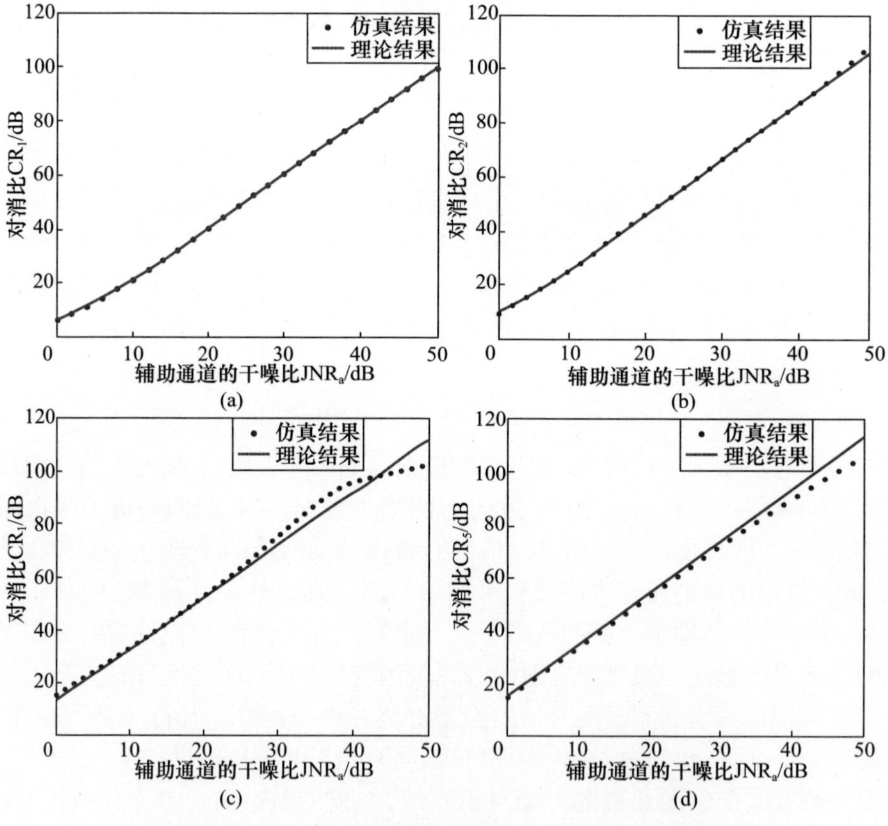

图 4.2　理想干扰环境下的旁瓣对消系统的对消比

表 4.1　理想干扰环境下具有 5 个辅助通道的旁瓣对消系统的对消比

辅助通道 JNR_a/dB	对消比理论值/dB	对消比仿真值/dB
10	34.2	34.1
20	54.0	54.0
30	74.0	73.9
40	94.0	92.6

4.3　自适应置零阵的性能上限分析[36]

满足条件(1)~(5)的单个干扰从旁瓣进入满足条件(6)~(10)自适应置零阵。设自适应置零阵对目标信号的导向矢量为 $\boldsymbol{a}_s$,对干扰信号的导向矢量为 $\boldsymbol{a}_j$。采用 4.2 节中的分析方法,可得自适应置零阵的输入矢量的协方差矩阵为

$$\boldsymbol{R}_{xx} = E[\boldsymbol{x}\boldsymbol{x}^{\mathrm{H}}] = E[\boldsymbol{j}\boldsymbol{j}^{\mathrm{H}}] + E[\boldsymbol{n}\boldsymbol{n}^{\mathrm{H}}] = \boldsymbol{a}_j\boldsymbol{a}_j^{\mathrm{H}}E[jj^*] + \sigma^2\boldsymbol{I} = \sigma^2(\text{JNR}_{\text{in}}\boldsymbol{a}_j\boldsymbol{a}_j^{\mathrm{H}} + \boldsymbol{I}) \tag{4.27}$$

式中:$\text{JNR}_{\text{in}} = P_j/\sigma^2$ 为每个通道中的输入干噪比。

由矩阵求逆引理可得协方差矩阵的逆为

$$\boldsymbol{R}_{xx}^{-1} = \frac{1}{\sigma^2}\left(\boldsymbol{I} - \frac{\text{JNR}_{\text{in}}\boldsymbol{a}_j\boldsymbol{a}_j^{\mathrm{H}}}{1 + \text{JNR}_{\text{in}}\boldsymbol{a}_j^{\mathrm{H}}\boldsymbol{a}_j}\right) = \frac{1}{\sigma^2}\left(\boldsymbol{I} - \frac{\text{JNR}_{\text{in}}\boldsymbol{a}_j\boldsymbol{a}_j^{\mathrm{H}}}{1 + M\cdot\text{JNR}_{\text{in}}}\right) \tag{4.28}$$

将式(4.28)代入式(2.96),可得自适应置零阵的输出信干噪比为

$$\text{SINR}_{\text{out}} = P_s\boldsymbol{a}_s^{\mathrm{H}}\boldsymbol{R}_{xx}^{-1}\boldsymbol{a}_s = \frac{P_s}{\sigma^2}\left(\boldsymbol{a}_s^{\mathrm{H}}\boldsymbol{a}_s - \frac{\text{JNR}_{\text{in}}\boldsymbol{a}_s^{\mathrm{H}}\boldsymbol{a}_j\boldsymbol{a}_j^{\mathrm{H}}\boldsymbol{a}_s}{1 + M\cdot\text{JNR}_{\text{in}}}\right) = \frac{P_s}{\sigma^2}\left(M - \frac{\text{JNR}_{\text{in}}\boldsymbol{a}_s^{\mathrm{H}}\boldsymbol{a}_j\boldsymbol{a}_j^{\mathrm{H}}\boldsymbol{a}_s}{1 + M\cdot\text{JNR}_{\text{in}}}\right) \tag{4.29}$$

将式(4.29)代入式(2.92),可得自适应置零阵的改善因数为

$$\begin{aligned}\text{IF} &= \frac{\text{SJNR}_{\text{out}}}{(\text{SJNR})_{\text{in}}} = \frac{P_s}{\sigma^2}\left(M - \frac{\text{JNR}_{\text{in}}\boldsymbol{a}_s^{\mathrm{H}}\boldsymbol{a}_j\boldsymbol{a}_j^{\mathrm{H}}\boldsymbol{a}_s}{1 + M\cdot\text{JNR}_{\text{in}}}\right)\cdot\frac{P_j + \sigma^2}{P_s}\\ &= \frac{P_j + \sigma^2}{\sigma^2}\left(M - \frac{\text{JNR}_{\text{in}}\boldsymbol{a}_s^{\mathrm{H}}\boldsymbol{a}_j\boldsymbol{a}_j^{\mathrm{H}}\boldsymbol{a}_s}{1 + M\cdot\text{JNR}_{\text{in}}}\right)\\ &= (1 + \text{JNR}_{\text{in}})\left(M - \frac{\text{JNR}_{\text{in}}\boldsymbol{a}_s^{\mathrm{H}}\boldsymbol{a}_j\boldsymbol{a}_j^{\mathrm{H}}\boldsymbol{a}_s}{1 + M\cdot\text{JNR}_{\text{in}}}\right)\end{aligned} \tag{4.30}$$

对于间距为 d 的 M 元的均匀线阵,有

$$\boldsymbol{a}_s = [1, \mathrm{e}^{-\mathrm{j}\frac{2\pi d\sin\theta_s}{\lambda}}, \cdots, \mathrm{e}^{-\mathrm{j}\frac{2\pi(M-1)d\sin\theta_s}{\lambda}}]^{\mathrm{T}} \tag{4.31}$$

$$\boldsymbol{a}_j = [1, \mathrm{e}^{-\mathrm{j}\frac{2\pi d\sin\theta_j}{\lambda}}, \cdots, \mathrm{e}^{-\mathrm{j}\frac{2\pi(M-1)d\sin\theta_j}{\lambda}}]^{\mathrm{T}} \tag{4.32}$$

则

$$\boldsymbol{a}_s^{\mathrm{H}}\boldsymbol{a}_j = \sum_{k=1}^{M}\mathrm{e}^{\mathrm{j}\frac{2\pi(k-1)d\sin\theta_s}{\lambda}}\mathrm{e}^{-\mathrm{j}\frac{2\pi(k-1)d\sin\theta_j}{\lambda}} = \sum_{k=1}^{M}\mathrm{e}^{\mathrm{j}\frac{2\pi(k-1)d(\sin\theta_s-\sin\theta_j)}{\lambda}} = \sum_{k=1}^{M}\mathrm{e}^{\mathrm{j}(k-1)u_{sj}} \tag{4.33}$$

$$\boldsymbol{a}_j^{\mathrm{H}}\boldsymbol{a}_s = \sum_{k=1}^{M}\mathrm{e}^{\mathrm{j}\frac{2\pi(k-1)d\sin\theta_j}{\lambda}}\mathrm{e}^{-\mathrm{j}\frac{2\pi(k-1)d\sin\theta_s}{\lambda}} = \sum_{k=1}^{M}\mathrm{e}^{\mathrm{j}\frac{2\pi(k-1)d(\sin\theta_j-\sin\theta_s)}{\lambda}} = \sum_{k=1}^{M}\mathrm{e}^{\mathrm{j}(k-1)u_{js}} \tag{4.34}$$

其中

$$u_{sj} = \frac{2\pi d(\sin\theta_s - \sin\theta_j)}{\lambda} \tag{4.35}$$

$$u_{js} = \frac{2\pi d(\sin\theta_j - \sin\theta_s)}{\lambda} \tag{4.36}$$

显然，有

$$u_{sj} = u_{js}^{*} \tag{4.37}$$

式(4.33)和式(4.34)可用求和公式进一步写为

$$\boldsymbol{a}_s^{\mathrm{H}}\boldsymbol{a}_j = \frac{1-\mathrm{e}^{\mathrm{j}Mu_{sj}}}{1-\mathrm{e}^{\mathrm{j}u_{sj}}} \tag{4.38}$$

$$\boldsymbol{a}_j^{\mathrm{H}}\boldsymbol{a}_s = \frac{1-\mathrm{e}^{\mathrm{j}Mu_{js}}}{1-\mathrm{e}^{\mathrm{j}u_{js}}} \tag{4.39}$$

则

$$\boldsymbol{a}_s^{\mathrm{H}}\boldsymbol{a}_j\boldsymbol{a}_j^{\mathrm{H}}\boldsymbol{a}_s = \frac{(1-\mathrm{e}^{\mathrm{j}Mu_{sj}})(1-\mathrm{e}^{\mathrm{j}Mu_{js}})}{(1-\mathrm{e}^{\mathrm{j}u_{sj}})(1-\mathrm{e}^{\mathrm{j}u_{js}})} = \frac{2-\mathrm{e}^{\mathrm{j}Mu_{sj}}-\mathrm{e}^{\mathrm{j}Mu_{js}}}{2-\mathrm{e}^{\mathrm{j}u_{sj}}-\mathrm{e}^{\mathrm{j}u_{js}}} = \frac{1-\cos(Mu_{sj})}{1-\cos(u_{sj})} \tag{4.40}$$

由于式(4.40)中包含了干扰信号和目标信号的角度关系，将此项定义为信号环境的方向因子，即

$$D = \boldsymbol{a}_s^{\mathrm{H}}\boldsymbol{a}_j\boldsymbol{a}_j^{\mathrm{H}}\boldsymbol{a}_s = \frac{1-\cos(Mu_{sj})}{1-\cos(u_{sj})} \tag{4.41}$$

将式(4.41)代入式(4.30)，可得改善因数为

$$\mathrm{IF} = (1+\mathrm{JNR}_{\mathrm{in}})\left(M - \frac{D\cdot\mathrm{JNR}_{\mathrm{in}}}{(1+M\cdot\mathrm{JNR}_{\mathrm{in}})}\right) \tag{4.42}$$

式(4.42)就是自适应置零阵改善因数上限的表达式。由式(4.42)可见，改善

因数与干扰功率、通道噪声功率、阵元个数以及干扰信号和目标信号的入射角度有关。一般情况下，$JNR_{in} >> 1$，则式(4.42)可进一步写为

$$IF = JNR_{in}\left(M - \frac{D}{M}\right) \tag{4.43}$$

由此可见，改善因数主要取决于输入到阵列上的干噪比、阵元个数以及方向因子。方向因子越大，改善因数越小。当目标信号固定在 $\theta_s = 0°$ 时，阵元数分别取 8 和 16，方向因子随着干扰信号入射角度的变化规律如图 4.3 所示。由图可见，当干扰信号从自适应置零阵的旁瓣入射时，方向因子的值都比较小。当干扰信号从自适应置零阵的主瓣入射时，方向因子的取值会急剧增大。当干扰与目标信号从同一个方向入射，即 $\theta_j = \theta_s$ 时，由式(4.35)可知，$u_{sj} = 0$，代入方向因子的表达式会出现0/0的情况，此时方向因子没有意义。这说明，当干扰信号位于自适应置零阵的主瓣时，自适应置零阵的性能会发生质的变化，实际上，自适应阵列是无法抑制主瓣干扰的。

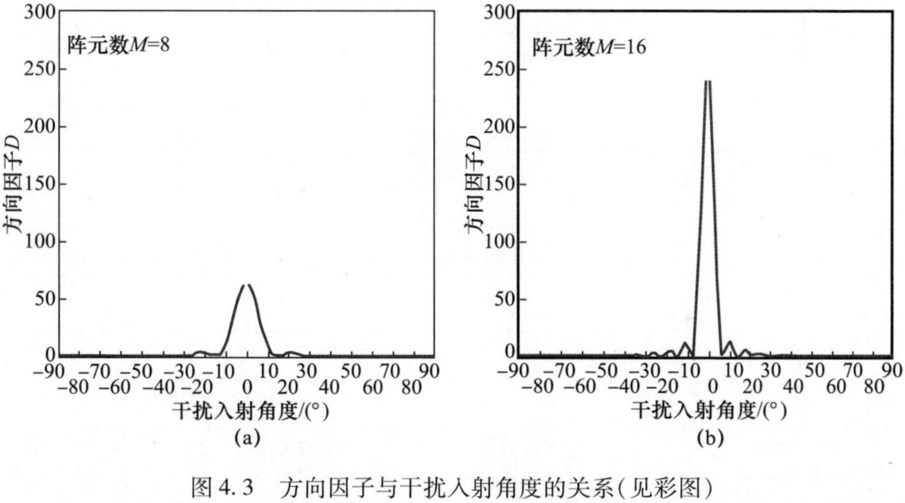

图 4.3　方向因子与干扰入射角度的关系(见彩图)

对自适应置零阵进行仿真。干扰的入射角度为 30°，输入干噪比的取值范围是 0 ~ 50dB，并且不存在目标信号。8 阵元自适应置零阵改善因数的仿真结果和理论计算结果如图 4.4(a)所示，16 阵元自适应置零阵改善因数的仿真结果和理论计算结果如图 4.4(b)所示。由图可见，仿真结果与理论计算结果基本一致。

当干扰功率固定，入射角度由 −90°变到 90°时，可得 8 阵元自适应置零阵在干噪比为 20dB 和 30dB 时的改善因数分别如图 4.5(a)和(b)所示，16 元自适应置零阵在干噪比为 20dB 和 30dB 时的改善因数分别如图 4.5(c)和(d)所示，由图可见，干扰信号从自适应置零阵的主瓣入射时，改善因数会出现明显下降，在其他角度上的变化较小。

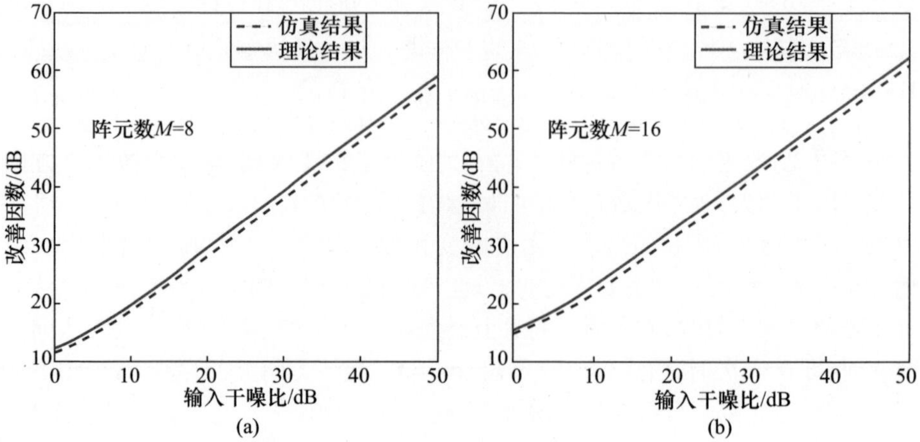

图 4.4　自适应置零阵的改善因数

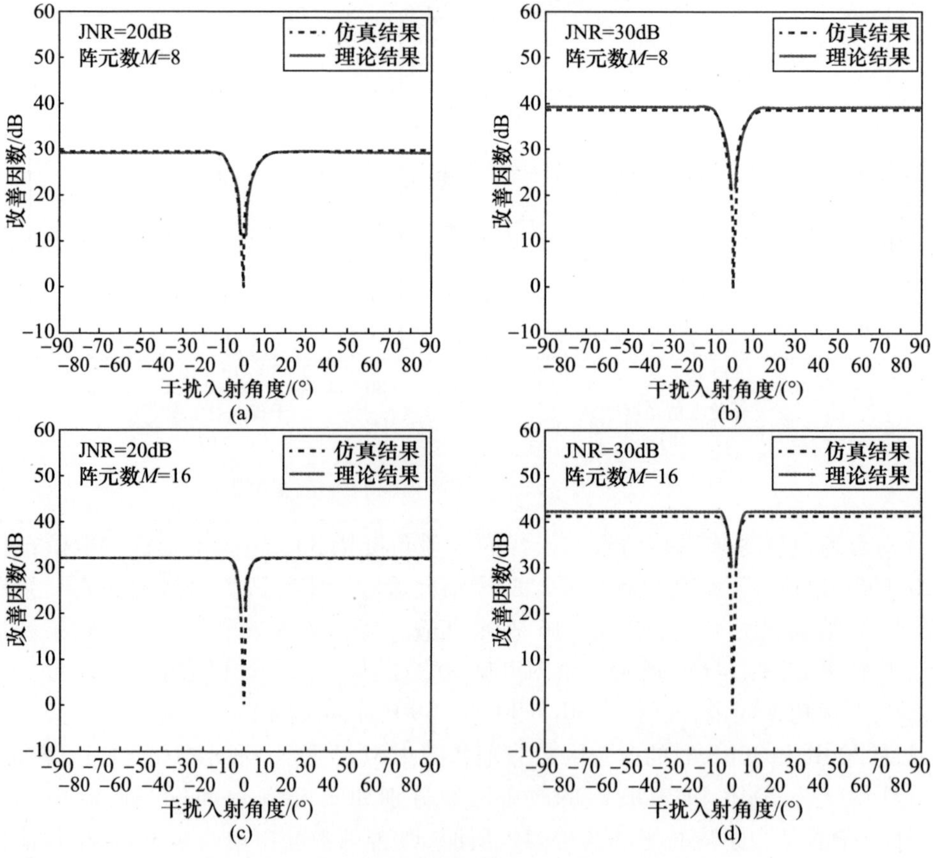

图 4.5　自适应置零阵的改善因数(见彩图)

后续章节中对自适应置零阵的仿真中均将阵元数设为 8 个。对于具有 8 元自适应置零阵，当输入干噪比分别取为 10dB、20dB、30dB 和 40dB 时，改善因数的理论值和仿真值如表 4.2 所列。

表 4.2　理想干扰环境下的自适应置零阵的改善因数

输入干噪比/dB	改善因数理论值/dB	改善因数仿真值/dB
10	19.4	18.3
20	29.1	27.9
30	39.0	37.9
40	49.0	47.9

4.4 结　论

旁瓣对消系统的对消比上限取决于辅助通道中的干噪比和辅助通道的个数。自适应置零阵的改善因数上限取决于干扰功率、通道噪声功率、阵元个数、干扰信号的入射角度以及目标信号的入射角度。本书对两种自适应置零阵的性能上限都推导出了精确的数学表达式和近似表达式。

第 5 章

几种干扰环境下的自适应阵列性能

5.1 引　言

第 3 章分析了自适应阵列的一些基本特点，本章我们针对自适应阵列的这些特点，研究不同干扰环境下自适应阵列的性能表现。针对自适应阵列的自由度有限的特点，研究分布式干扰环境和地形散射干扰环境下自适应阵列的性能；针对雷达自适应阵列块自适应的特点，研究闪烁干扰环境下自适应阵列的性能；针对自适应阵列性能依赖于干扰信号的空间相关性这一特点，研究去相关干扰环境下自适应阵列的性能。

5.2 分布式干扰环境下的自适应阵列性能

在 3.2 节我们已经指出，自适应阵列的自由度是有限的，即可以对付的不同方向上不相关的干扰的个数是有限的。当分布在不同方向上的干扰的数目超出自适应阵列的自由度时，自适应阵列就无法在所有的干扰方向上形成波束零点，从而无法抑制干扰，我们称这种情况为自适应阵列的过载或饱和。这种干扰环境的实现可以用分布于空间不同位置上的多干扰源实现，即分布式干扰。分布式干扰可以使自适应阵列失效的另一个原因是其干扰信号比较容易从自适应阵列的主瓣进入，但本书只讨论干扰从旁瓣进入自适应阵列的情况。

5.2.1 分布式干扰环境

分布式干扰环境中，多个干扰源分布在不同方向上。这些干扰源通常搭载在无人机或导弹平台上，也可以带着降落伞下落。这些干扰源散布在接近目标的空域或地域上，可以自动或受控地对选定的军事电子设备进行干扰。目前，世界主要军事强国都在大力发展无人机蜂群技术，如美国正在开展“小精灵”、低成本无人机集群技术(LOCUST)、进攻性蜂群使能战术(OFFSET)等一系列项目。无人机蜂群的主要潜在应用之一就是用于实施分布式电子战，并有可能带来电子战的革命，如美国海军的“复仇女神”(NEMESIS①)项目就是基于分布式无人平台实施多要素特征的网络化模拟，从而对综合传感器网络进行欺骗。

分布式干扰源可以采用噪声干扰信号，也可以采用转发式干扰信号，并且可以对干扰信号进行各种幅度和频率调制[37]。由于体积和重量的限制，用于分布式干扰的单个干扰源的功率相对于大型远距离支援干扰机的功率是很有限的，但是分布式干扰在功率上仍然是具有优势的，主要原因在于分布式干扰可以充分接近被干扰目标，用距离上的优势弥补了功率上的不足。另外，多个干扰源功率的合成可以增强干扰的功率[37]。设有 L 个干扰信号 $j_l(l = 1,2,\cdots,L)$ ，在空间某一点上的平均功率分别为 $P_l(l = 1,2,\cdots,L)$ ，则合成干扰的平均功率为

$$\begin{aligned} P &= \frac{1}{T}\int_0^T \left| \sum_{l=1}^{L} j_l \right|^2 \mathrm{d}t = \frac{1}{T}\int_0^T \left[\sum_{l=1}^{L} |j_l|^2 \mathrm{d}t + 2\sum_{l=1}^{L-1}\sum_{h=l+1}^{L} j_l j_h^* \mathrm{d}t \right] \\ &= \sum_{l=1}^{L} P_l + \frac{2}{T}\sum_{l=1}^{L-1}\sum_{h=l+1}^{L}\int_0^T j_l j_h^* \mathrm{d}t \end{aligned} \tag{5.1}$$

由式(5.1)可见，如果任意两个干扰 j_l 和 j_h 在时间 T 内不相关即内积为 0 时，合成干扰的平均功率就为每个干扰信号的平均功率之和，即

$$P = \sum_{l=1}^{L} P_l \tag{5.2}$$

显然，当干扰源的个数 L 足够多时，通过空间合成也可以显著地增加干扰功率。

本书所考虑的分布干扰环境就是指这种任意两个干扰信号不相关的情形，一个原因是为了避免功率合成损失，更重要的一个原因是对自适应阵列，当多个干扰相关时，即使干扰的个数多于阵列的自由度，自适应阵列仍然可以有效地抑制这些干扰，这在 3.4 节已经进行了详细的论述。

5.2.2　分布式干扰环境下的自适应阵列性能

我们所考虑的自适应阵列都是基于二阶统计量的，所以先用阵列输入矢量的协方差矩阵描述分布式干扰环境。

设自适应阵列的自由度为 M ，干扰源的个数为 L ，方向分别为 $\theta_l(l = 1,2,\cdots,L)$ ，每个干扰源到达阵列的信号记为 $j_l(l = 1,2,\cdots,L)$ 。阵列在方向 θ_l 上的导向

① NEMESIS——针对综合传感器的网络化多要素特征模拟。

矢量记为 $\boldsymbol{a}(\theta_l)$,则阵列的输入矢量为

$$\boldsymbol{x} = \sum_{l=1}^{L} j_l \boldsymbol{a}(\theta_l) = \boldsymbol{Aj} + \boldsymbol{n} \tag{5.3}$$

式中

$$\boldsymbol{A} = [\boldsymbol{a}(\theta_1),\cdots,\boldsymbol{a}(\theta_L)] \tag{5.4}$$

$$\boldsymbol{j} = [j_1,\cdots,j_L]^{\mathrm{T}} \tag{5.5}$$

进而可以得出阵列的协方差矩阵为

$$\boldsymbol{R}_{xx} = E\{\boldsymbol{xx}^{\mathrm{H}}\} = E\{(\boldsymbol{Aj}+\boldsymbol{n})(\boldsymbol{Aj}+\boldsymbol{n})^{\mathrm{H}}\} = \boldsymbol{APA}^{\mathrm{H}} + \sigma^2\boldsymbol{I} \tag{5.6}$$

式中

$$\boldsymbol{P} = E\{\boldsymbol{jj}^{\mathrm{H}}\} \tag{5.7}$$

每个干扰信号都是由一个独立的干扰源所产生的,可以认为这些干扰信号之间是独立的,则

$$\boldsymbol{P} = E\left\{\begin{bmatrix} j_1 \\ \vdots \\ j_L \end{bmatrix}[j_1^*,\cdots,j_L^*]\right\} = \mathrm{diag}(P_1,P_2,\cdots,P_L) \tag{5.8}$$

由式(5.8)可见,$\boldsymbol{P}$ 是 L 维的对角阵,说明干扰空间是 L 维的。假设 L 大于观测空间的维数即自适应阵列的自由度 M。由于矩阵 A 的秩为 M,故 $\boldsymbol{APA}^{\mathrm{H}}$ 的秩也为 M,即 $\boldsymbol{APA}^{\mathrm{H}}$ 是满秩的,从而 $\boldsymbol{R}_{xx}$ 也是满秩的。

对协方差矩阵做特征分解,可得

$$\boldsymbol{R}_{xx} = \sum_{k=1}^{M}(\lambda_k + \sigma^2)\boldsymbol{q}_k\boldsymbol{q}_k^{\mathrm{H}} \tag{5.9}$$

令

$$\boldsymbol{Q} = [\boldsymbol{q}_1,\boldsymbol{q}_2,\cdots,\boldsymbol{q}_M] \tag{5.10}$$

则

$$\boldsymbol{R}_{xx} = \boldsymbol{Q\Lambda Q}^{\mathrm{H}} \tag{5.11}$$

$$\boldsymbol{\Lambda} = \mathrm{diag}(\lambda_1+\sigma^2,\lambda_2+\sigma^2,\cdots,\lambda_M+\sigma^2) \tag{5.12}$$

显然,矩阵 $\boldsymbol{Q}$ 和 $\boldsymbol{\Lambda}$ 的秩均为 M。说明 L 维的干扰空间被投影到了 M 维的观测空间 $\boldsymbol{Q}$ 中,并且在 $\boldsymbol{Q}$ 的第 k 维上的投影系数为 $\lambda_k+\sigma^2$ 。由于观测空间的维数低于干扰空间的维数,所以观测空间只是干扰空间的一个子空间。协方差矩阵的逆矩阵为

$$\boldsymbol{R}_{xx}^{-1} = \boldsymbol{Q\Lambda}^{-1}\boldsymbol{Q}^{\mathrm{H}} = \sum_{k=1}^{M}\frac{1}{(\lambda_k+\sigma^2)}\boldsymbol{q}_k\boldsymbol{q}_k^{\mathrm{H}} \tag{5.13}$$

自适应阵列的权值为

$$w = \alpha R_{xx}^{-1} a = \alpha \sum_{k=1}^{M} \frac{1}{(\lambda_k + \sigma^2)} q_k q_k^{\mathrm{H}} a \tag{5.14}$$

由式(5.14)可见,权值由目标信号的导向矢量在观测空间的 M 个维度上投影的加权和组成,加权系数为该维的特征矢量所对应的特征值的倒数,干扰功率较强时此特征值很大,其倒数即加权系数很小,所以投影到该维上的干扰信号被抑制掉了。但是由于观测子空间 Q 只是干扰空间的一个子空间,所以此时自适应阵列也只能抑制掉投影到这个子空间 Q 中的干扰,而对于观测空间以外的干扰信号则没有抑制能力。在分布式干扰环境中,每个干扰都可以具备足够的干噪比破坏雷达或通信系统的正常工作。所以自适应阵列虽然可以抑制掉一部分干扰,但剩余的干扰仍足以达到干扰的目的。这就是分布式干扰环境下自适应阵列会失效的原因。

5.2.3　分布式干扰环境下的旁瓣对消系统的性能仿真分析

对 5 个辅助通道的旁瓣对消系统进行仿真,为了更清晰地体现出分布式干扰环境下的旁瓣对消系统的性能与干扰源的个数、功率等关键因素的关系,我们需要对主天线的方向图进行简化。因为如果采用如图 4.1 所示的主天线方向图,其旁瓣有较大的起伏,对不同方向上的干扰信号的增益变化比较剧烈,会使问题的分析变得复杂。对于分布式干扰环境下旁瓣对消系统的性能分析和仿真而言,主天线的旁瓣是次要因素,可以作合理简化。因此,我们将主天线的方向图简化为主瓣和旁瓣均为恒定增益的模型。本节的仿真中采用如图 5.1 所示的主天线方向图,即主瓣位于 $-5° \sim 5°$,增益为 25dB,旁瓣增益为 0。这里,将干扰的入射方向限定在 $-80° \sim -10°$和 $10° \sim 80°$的范围内。

下面研究各个干扰信号以相等的功率和角度间隔进入旁瓣对消系统的情形,不同干扰个数下对应的入射角度如表 5.1 所列。由表可见,在两个旁瓣区的干扰信号之间的角度间隔是 15°。当各个干扰以相等的功率进入旁瓣对消系统时,在表 5.1 所列的 6 种仿真条件下得出旁瓣对消系统的输入干扰功率和输出干扰如图 5.2(a)~(e)所示。此处的输入干扰功率指的是多个干扰信号从旁瓣进入主天线后合成的干扰功率,输出干扰功率指的是经过自适应旁瓣对消后的系统输出的干扰功率,仿真中的通道噪声功率设置为单位功率(1W)。由图 5.2(a)可见,当干扰信号的个数为 5 时,由于没有超出系统的自由度,因此旁瓣对消系统可以抑制所有的干扰,而且输入的干扰功率越强,抑制的程度越高。此时的对消比如图 5.3(a)所示,可见,对消比随着干扰功率的增强而增大。由图 5.2(b)~(e)可见,当干扰信号的个数大于旁瓣对消系统的自由度时,系统无法抑制所有的干扰,输出干扰功

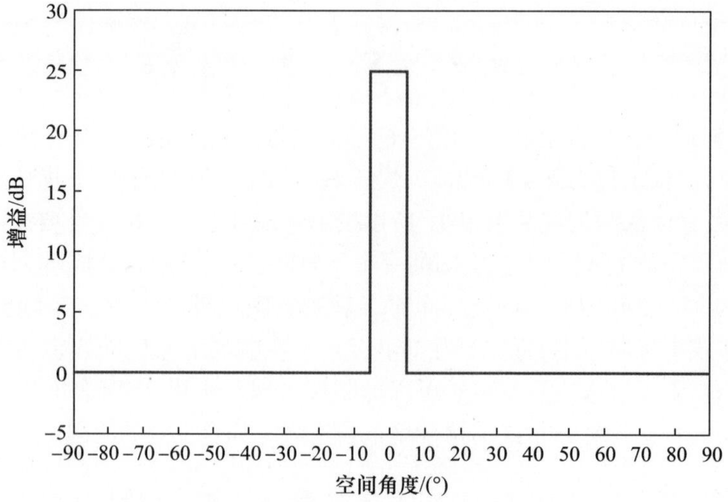

图 5.1　主天线方向图的简化模型

率与输入干扰功率呈现出近似平行的关系，旁瓣对消以后还有相当大的剩余干扰功率。这 5 种干扰设置下的对消比如图 5.3(b)所示。由图可见，旁瓣对消系统过载以后的对消比维持在一个非常低的数值。

表 5.1　干扰信号的入射角度分布

干扰个数	入射角度/(°)
5	−40，−25，25，40，55
6	−55，−40，−25，25，40，55
7	−55，−40，−25，25，40，55，70
8	−70，−55，−40，−25，25，40，55，70
9	−70，−55，−40，−25，25，40，55，70，85
10	−85，−70，−55，−40，−25，25，40，55，70，85

下面研究干扰信号之间的角度间隔对旁瓣对消系统性能的影响，前面的仿真中，干扰信号之间的角度间隔是 15°，现在逐渐降低角度间隔至 10°、5°、2°和 1°，干扰信号的个数取 6 和 10 两种情况，则不同角度间隔下的系统输出功率如图 5.4 所示。由图可见，当干扰信号之间的角度间隔变小时，系统的输出干扰功率有明显下降，即系统对干扰的抑制程度增加，说明干扰信号之间的角度间隔越小，旁瓣对消系统对干扰的抑制能力越强。两种情况下的干扰对消比如图 5.5 所示，由图 5.5 也可以看出，当干扰信号之间的角度间隔减小时，系统的对消比明显增加，即对干扰的抑制能力增强了。

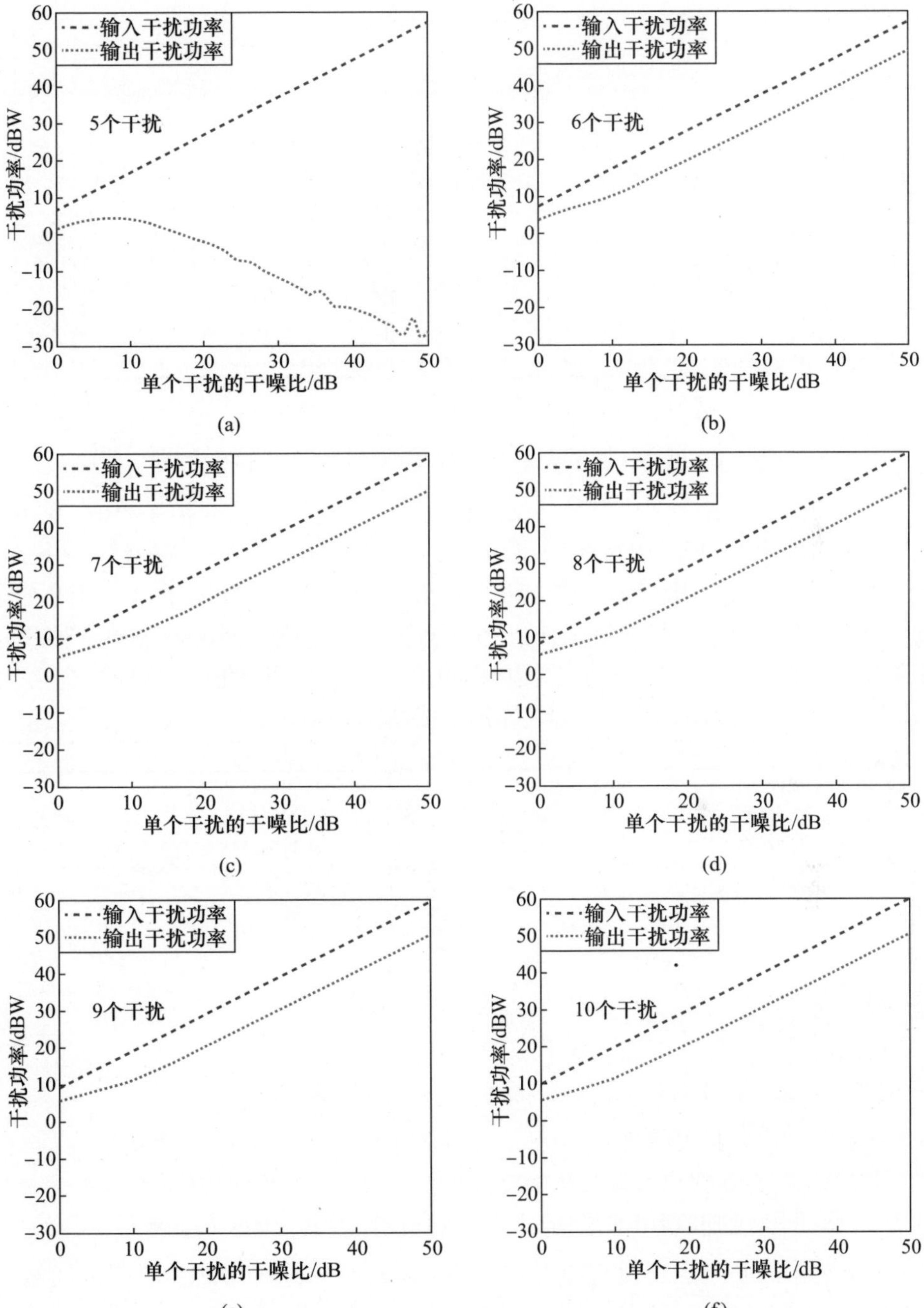

图 5.2　旁瓣对消系统的输入干扰功率和输出干扰功率

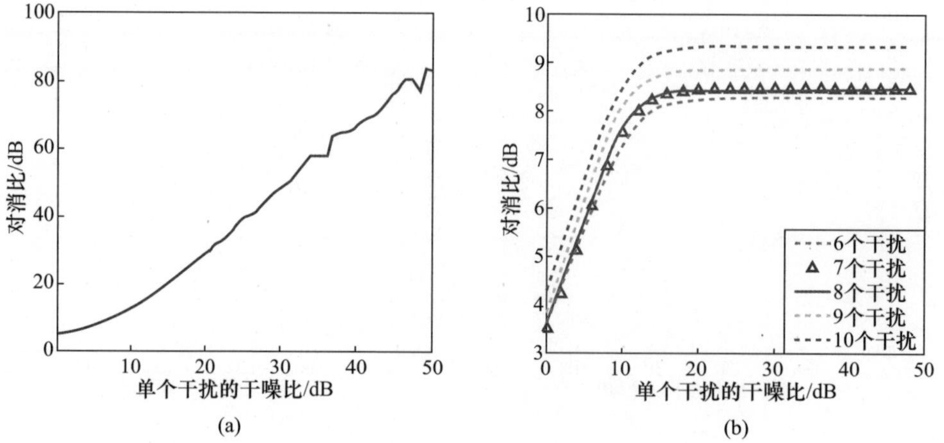

图 5.3　不同干扰个数下的旁瓣对消系统的对消比(见彩图)

前面的仿真中各个干扰信号都是以相等的功率进入旁瓣对消系统的,现在来研究干扰的功率不相等时的旁瓣对消系统的性能。对于 7 个干扰的情况,将前 6 个干扰的干噪比设为固定值(JNR = 20dB),第 7 个干扰功率 JNR_7 在 0 ~ 50dB 的范围内变化。对于 8 个干扰的情况,前 6 个干扰的干噪比设为固定值(JNR = 20dB),第 7 个干扰功率 JNR_7 和第 8 个干扰功率 JNR_8 在 0 ~ 50dB 的范围内同步变化,这两种情况下的旁瓣对消系统的输入、输出干扰功率如图 5.6 所示。

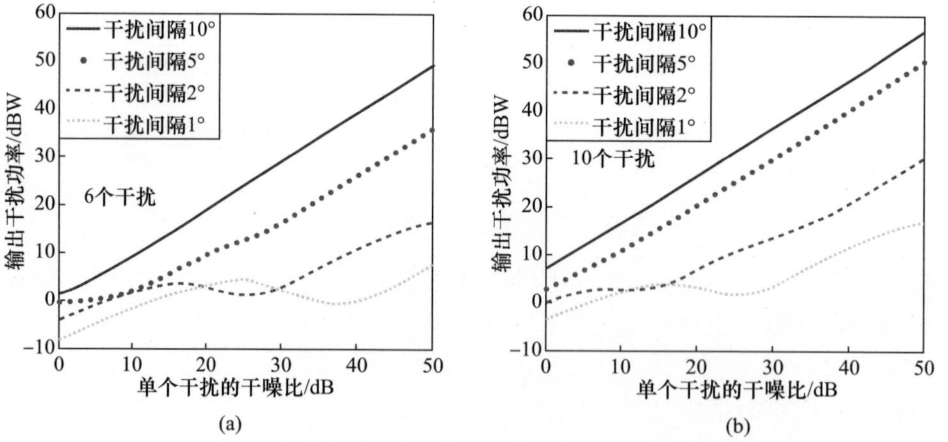

图 5.4　不同的干扰角度间隔下旁瓣对消系统的输出干扰功率(见彩图)

由图 5.6 可见,对于 7 个干扰的情况,当第 7 个干扰的功率超过 20dB 且继续增大时,系统的输出干扰功率并没有显著增加;对于 8 个干扰的情况,当第 7 个干扰的功率和第 8 个干扰的功率超过 20dB 且继续增大时,系统的输出干扰功率也没

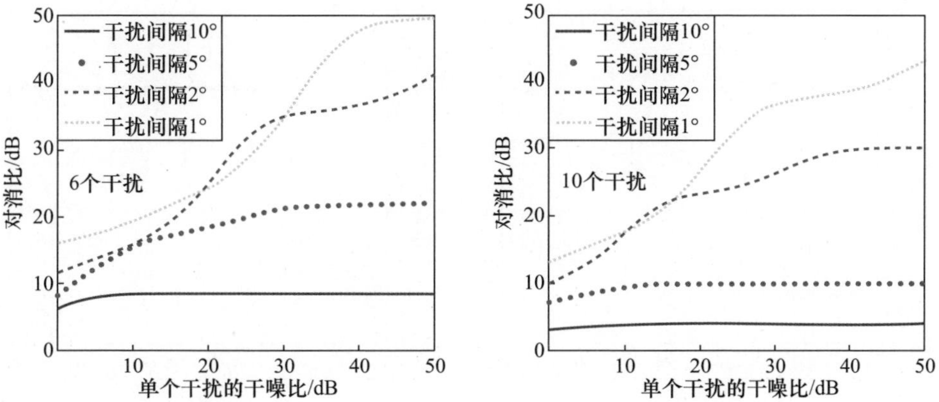

(a)　　　　(b)

图 5.5　不同的干扰角度间隔下旁瓣对消系统的对消比(见彩图)

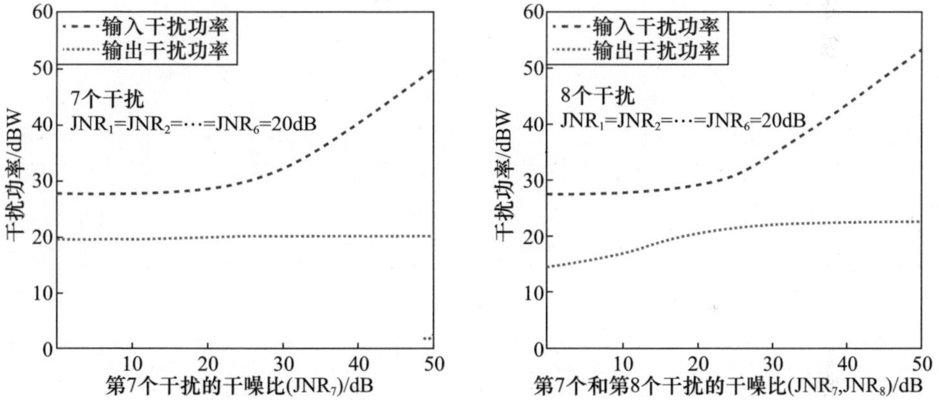

(a)　　　　(b)

图 5.6　旁瓣对消系统的输入干扰功率和输出干扰功率

有显著的增加。这说明旁瓣对消系统会优先抑制掉功率最强的干扰功率,或者说,功率最强的干扰会抢占旁瓣对消系统的自由度。从旁瓣对消系统的合成方向图可以更明显地体现出这个结论。对于 7 个干扰的情况,第 7 个干扰功率 JNR_7 取 0 和 50dB 时,旁瓣对消系统的合成方向图如图 5.7 所示。由图可见,当第 7 个干扰比较弱即 $JNR_7 = 0$ 时,合成方向图在所有的干扰方向上都没有显著的零点。而当 JNR_7 增强至 50dB 即第 7 个干扰远远强于其他 6 个干扰时,第 7 个干扰便会抢占自由度,在 70°上形成了深的零点,如图 5.7 所示。对于 8 个干扰的情况,合成方向图也表现同类似的现象,当第 7 个干扰和第 8 个干扰远远大于其他 6 个干扰时,也会抢占自由度,在其方向 55°和 70°上产生了明显的零点,如图 5.8 所示。

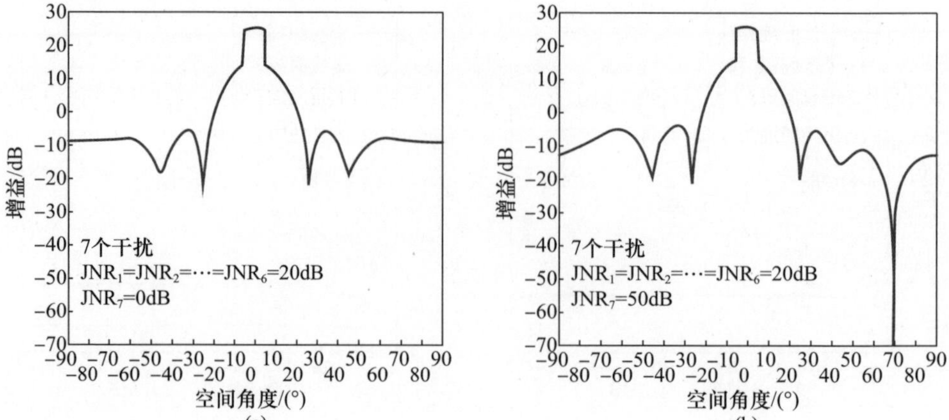

(a) (b)

图 5.7　7 个干扰下的旁瓣对消系统的合成方向图

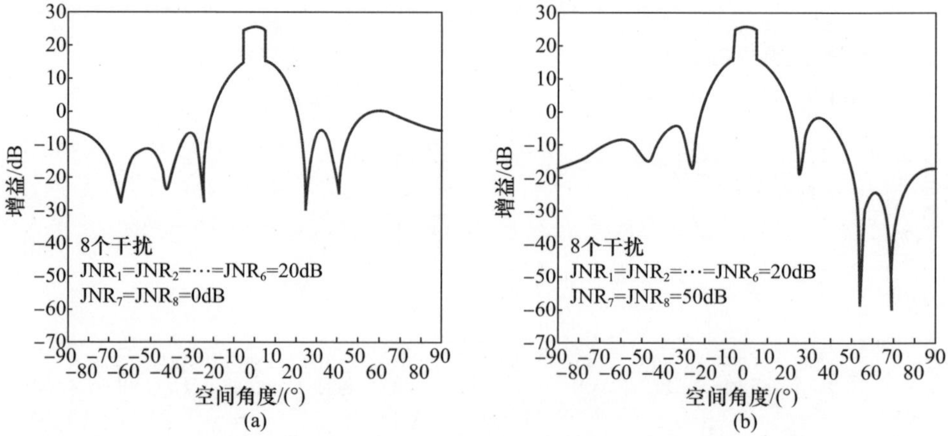

(a) (b)

图 5.8　8 个干扰下的旁瓣对消系统的合成方向图

5.2.4　分布式干扰环境下的自适应置零阵的性能仿真分析

对 8 元自适应置零阵进行分布式干扰，阵元均为 0dB 增益的全向阵元，角度范围是 −90°～90°。阵列的瞄准方向或主瓣位于 0°方向，干扰的入射角度限定在 10°～90°和 −90°～−10°的旁瓣区。8 元自适应置零阵的自由度是 7 个，故 8 元自适应阵能够抑制的不相关干扰的个数实际上只有 7 个。我们对 7 个、8 个、9 个和 10 个干扰的情况进行仿真。

同 5.2.3 节的仿真分析步骤，首先考虑多个干扰以相等的干扰功率和相同的角度间隔进入自适应置零阵的情况。干扰的入射角度如表 5.2 所列。仿真结果如图 5.9 所示。由图可见，与旁瓣对消系统类似，当干扰的个数不超过自适应置零阵的自由度时，自适应置零阵可以很好地抑制掉干扰，并且输入干扰功率越强，抑制程度越高，输出干扰功率就越弱。当干扰的个数超出系统的自由度时，自适应置零阵就无法抑制所有的干扰，输出的干扰功率随着输入干扰功率的增强而增强。上面 4 种情况下的改善因数如图 5.10 所示。由图可见，当干扰的个数不超过系统的自由度时，系统的改善因数随着干扰功率的增强而增强。当干扰的个数超过系统的自由度时，系统的改善因数随着干扰功率的增强只表现出了一个很短的增长过程后就稳定在了一个较低的水平上。

表 5.2 干扰信号的入射角度分布

干扰个数	入射角度/(°)
7	-55, -40, -25, -10,10,25,40
8	-55, -40, -25, -10,10,25,40,55
9	-70, -55, -40, -25, -10,10,25,40,55
10	-70, -55, -40, -25, -10,10,25,40,55,70

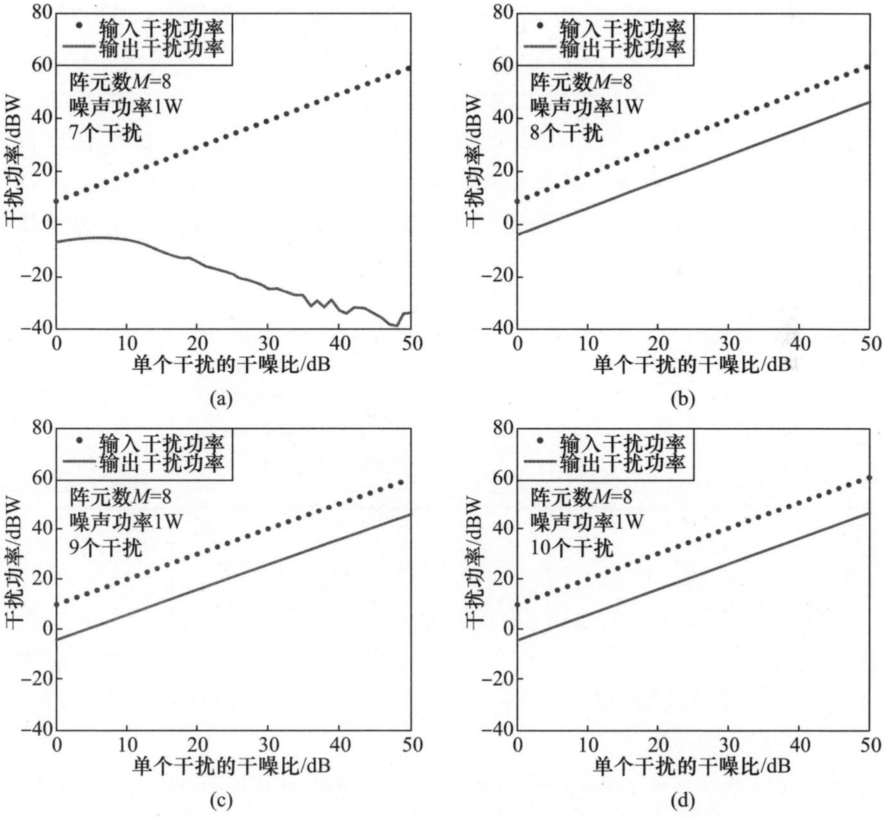

图 5.9 自适应置零阵的输入干扰功率和输出干扰功率

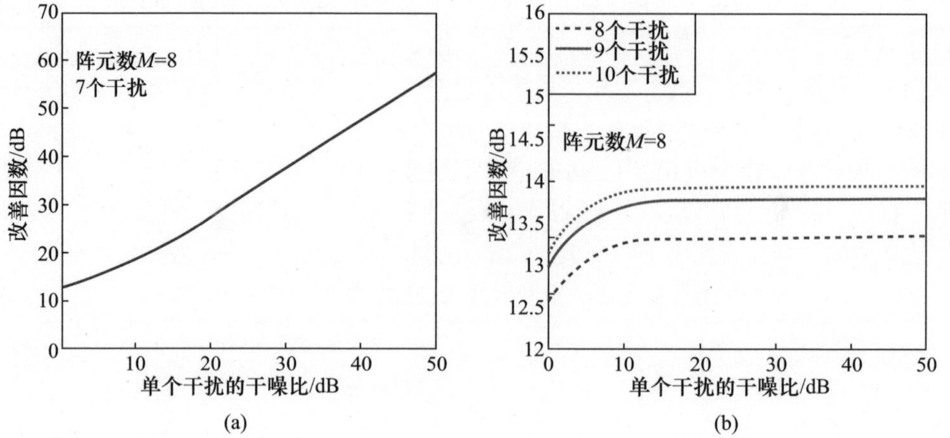

图 5.10　8 阵元自适应置零阵的改善因数与干噪比的关系曲线

下面研究干扰信号之间的角度间隔对自适应置零阵性能的影响，前面的仿真中，干扰信号之间的角度间隔是 15°，现在逐渐降低角度间隔至 10°、5°、2°和 1°，干扰信号的个数取 8 和 10 两种情况，则不同角度间隔下的系统的输出干扰功率如图 5.11 所示。由图可见，当干扰信号之间的角度间隔变小时，系统的输出干扰功率有明显的下降，即系统对干扰的抑制程度增加，说明干扰信号之间的角度间隔越小，自适应置零阵对干扰的抑制能力越强。两种情况下的改善因数如图 5.12 所示，由图 5.12 也可以看出，当干扰信号之间的角度间隔减小时，系统的改善因数明显增加，即对干扰的抑制能力增加了。

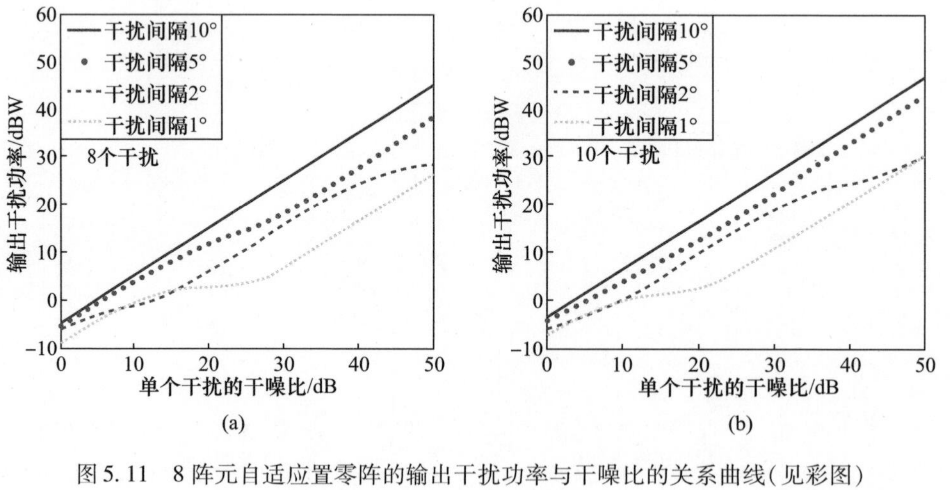

图 5.11　8 阵元自适应置零阵的输出干扰功率与干噪比的关系曲线(见彩图)

前面的仿真中各个干扰信号都是以相等的功率进入自适应置零阵的，现在来

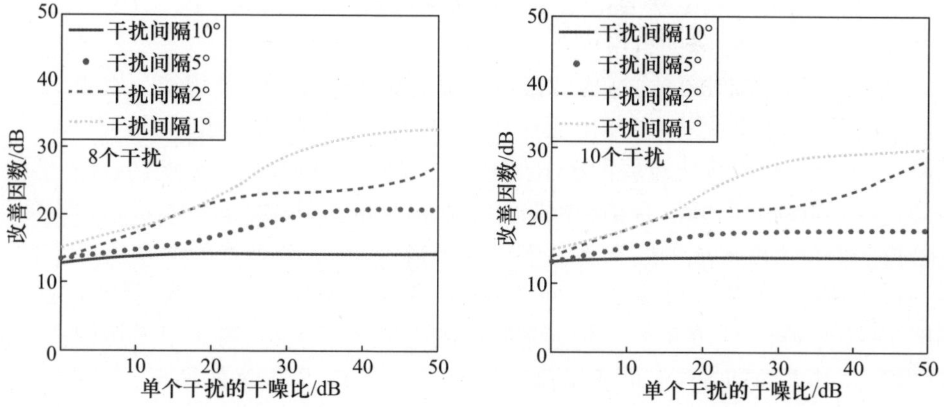

(a)　　(b)

图 5.12　8 阵元自适应置零阵的改善因数与干噪比的关系曲线(见彩图)

研究干扰信号之间的功率不相等时的自适应置零阵的性能。对于 9 个干扰的情况,将前 8 个干扰的干噪比设为固定值(JNR = 20dB),第 9 个干扰的干噪比 JNR_9 的取值范围为 0 ~ 50dB。对于 10 个干扰的情况,前 8 个干扰的干噪比设为固定值(JNR = 20dB),第 9 个干扰的 JNR_9 和第 10 个干扰的 JNR_{10} 在 0 ~ 50dB 的范围内同步变化。两种情况下的自适应置零阵的输出干扰功率如图 5.13 所示。

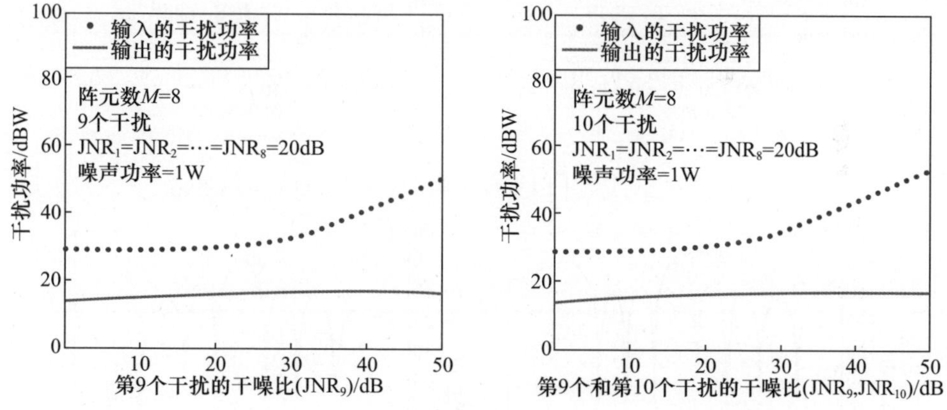

(a)　　(b)

图 5.13　8 阵元自适应置零阵的输入干扰功率和输出干扰功率

由图 5.13 可见,对于 9 个干扰的情况,当第 9 个干扰的功率超过 20dB 继续增大时,系统的输出干扰功率并没有显著增加;对于 10 个干扰的情况,当第 9 个干扰和第 10 个干扰的功率超过 20dB 继续增大时,系统的输出干扰功率也没有显著增加。这说明，自适应置零阵会优先抑制掉功率最强的干扰，或者说，功率最强的干扰会抢占自适应置零阵的自由度。

自适应置零阵形成的自适应波束可以更明显地体现出这个规律。对于 9 个干扰的情况，第 9 个干扰功率 JNR_9 取 0 和 50dB 时，自适应波束如图 5.14 所示。由图可见，当第 9 个干扰比较弱即 $JNR_9=0$ 时，自适应波束有 7 个零点，但都不够深，而且这些零点的方向并没有精确地对准干扰信号的方向，这是 8 个功率相当的干扰争抢 7 个自由度形成的结果。由于功率相当，没有一个干扰能够独占一个自由度，所以最终的结果是形成了 7 个零点，但没有对准任何一个干扰的方向。当 JNR_9 增强至 50dB 即第 9 个干扰远远强于其他 8 个干扰时，第 9 个干扰便会抢占自由度，在其方向即 55°上形成了深的零点。对于 10 个干扰的情况，合成方向图也表现出类似的现象，当第 9 个干扰和第 10 个干扰远远强于其他 8 个干扰时，就会抢占阵列的自由度，在 55°和 70°上产生了明显的零点，如图 5.15 所示。

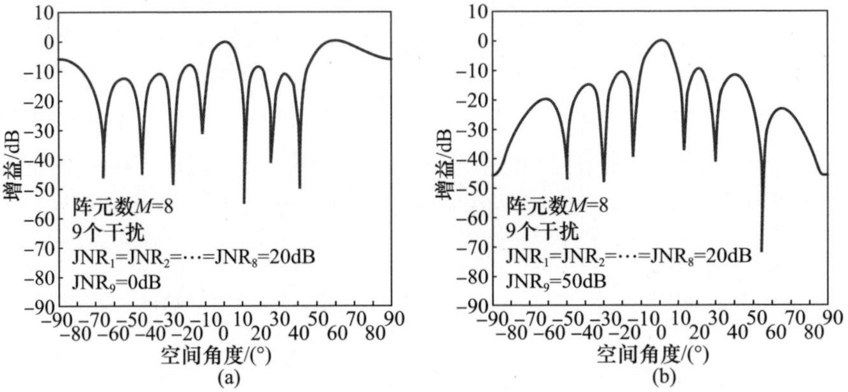

图 5.14　9 个干扰下的 8 元自适应置零阵的自适应波束

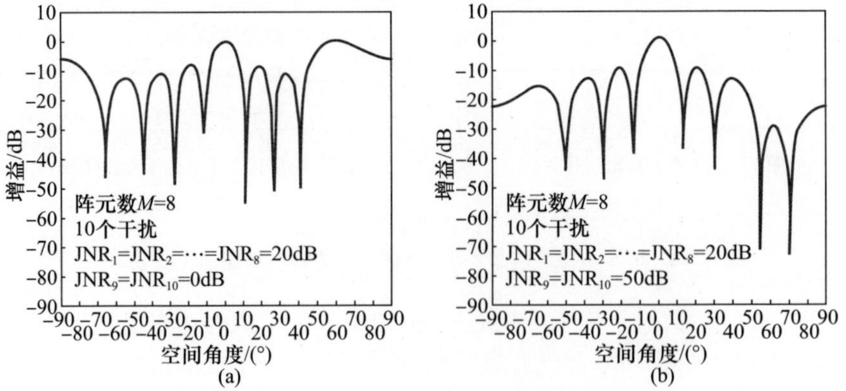

图 5.15　10 个干扰下的 8 元自适应置零阵的自适应波束

5.2.5 结论

在分布式干扰环境下，当干扰的个数超过自适应阵列的自由度时，自适应阵列的性能会表现出明显的下降，而且干扰之间的角度间隔越大，自适应阵列的性能衰退越严重。在分布式干扰环境下，自适应阵列的合成方向图是各个干扰抢占有限的自由度的结果。某个干扰的功率越强，在抢占自由度的过程中越占有优势，合成方向图中的零点就越靠近此干扰的方向。

5.3 地形散射干扰环境下的自适应阵列性能

5.2 节讨论的分布式干扰环境使用了空间上分布的多个干扰源来产生分布在不同方向上的多个干扰。还有一种用单个干扰源也可以产生分布式干扰的方法，即用单个干扰源通过地形散射产生多个方向上不同的多径干扰信号，如图 5.16 所示[38]。如果散射区域足够大，散射单元的数量足够多，地形散射干扰的到达方向就有可能远远多于阵列的自由度的，从而实现类似于分布式干扰的效果。地形散射干扰需要克服两个问题：一是二次散射造成的功率损失；二是多径信号的相关性导致干扰空间的维数不足。随着无人机电子战的快速发展，使用少量无人机实施抵近式地形散射干扰，有可能实现分布式干扰的效果。

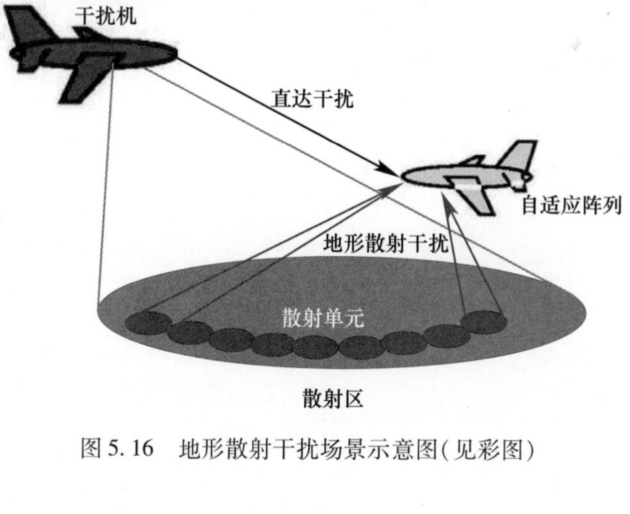

图 5.16　地形散射干扰场景示意图（见彩图）

5.3.1 地形散射干扰环境的模型

地形散射干扰的形成机理[39]和建模都是很复杂的，因为干扰信号入射到粗糙的地面或海面上时，既有镜面反射分量，又有各个方向的散射分量，如图 5.17 所示。这些分量的强度和角度分布又取决于地面或海面的特性（粗糙程度、介电常数等）、干扰入射的角度（与干扰平台的高度有关）、干扰功率等一系列因素。当干扰平台或雷达平台运动时，还会给每个分量引入多普勒频移，从而使地形散射干扰成为时变的非平稳过程。因此，要对地形散射干扰的角度分布、时延分布和每条多径分量的功率进行建模是一件非常困难的工作。

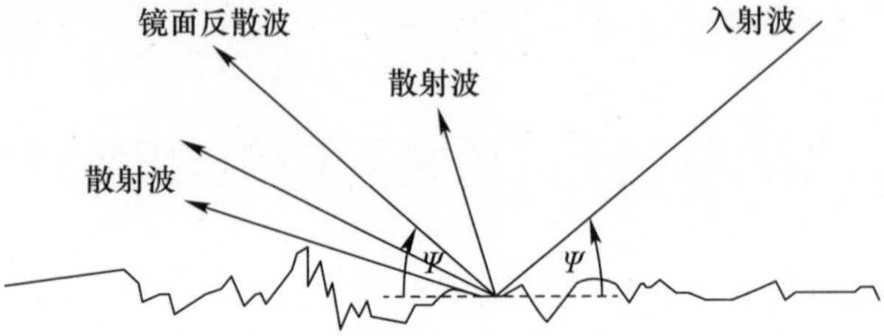

图 5.17　地形散射干扰的产生原理[39]

本书讨论地形散射干扰的目的是研究其空间分布特性对自适应阵列性能的影响，而且我们的讨论只限于空域滤波而不涉及空时联合处理。因此，可以不考虑多普勒频移，只关心地形散射干扰的角度分布和多径延时特性，所以可以采用简化的多径延时模型。设共有 L 个多径信号从不同方向上到达自适应阵列，将这 L 条多径信号按照传输路径的长度由小到大依次排列，设其中第 i 条多径干扰的复包络为 $c_i(t)$，到达方向为 θ_i，阵列的导向矢量为 $\boldsymbol{a}(\theta_i)$，选取路径最短的干扰信号 $c_1(t)$ 作为参考信号，将第 i 条多径干扰相对于参考信号的延时和幅度衰减系数分别记为 τ_i 和 h_i，则阵列的输入矢量为

$$\boldsymbol{x}(t) = \sum_{i=1}^{L} c_i(t)\boldsymbol{a}(\theta_i) = \sum_{i=1}^{L} h_i c_1(t-\tau_i)\boldsymbol{a}(\theta_i) + \boldsymbol{n}(t) = \boldsymbol{A}\boldsymbol{c}(t) + \boldsymbol{n}(t) \tag{5.15}$$

式中

$$\boldsymbol{A} = [\boldsymbol{a}(\theta_1), \boldsymbol{a}(\theta_2), \cdots, \boldsymbol{a}(\theta_L)] \tag{5.16}$$

$$\boldsymbol{c}(t) = \begin{bmatrix} h_1 c_1(t-\tau_1) \\ h_2 c_1(t-\tau_2) \\ \vdots \\ h_L c_1(t-\tau_L) \end{bmatrix} \tag{5.17}$$

则输入矢量的协方差矩阵为

$$\boldsymbol{R}_{xx} = E\{\boldsymbol{x}(t)\boldsymbol{x}^{\mathrm{H}}(t)\} = E\{(\boldsymbol{Ac}(t)+\boldsymbol{n}(t))(\boldsymbol{Ac}(t)+\boldsymbol{n}(t))^{\mathrm{H}}\} = \boldsymbol{ACA}^{\mathrm{H}} + \sigma^2\boldsymbol{I} \tag{5.18}$$

式中

$$\boldsymbol{C} = E\{\boldsymbol{c}(t)\boldsymbol{c}^{\mathrm{H}}(t)\} = \{C_{ij}\}_{L\times L} \tag{5.19}$$

矩阵 $\boldsymbol{C}$ 第 i 行第 j 列的元素为

$$C_{ij} = E\{h_i c_1(t-\tau_i)h_j^* c_1^*(t-\tau_j)\} = h_i h_j^* \rho(\tau_i - \tau_j) \tag{5.20}$$

以上就是地形散射干扰环境的数学模型。

5.3.2 地形散射干扰中多径信号的独立性分析

地形散射干扰与分布式干扰有一个重要的区别,地形散射干扰是由多个多径干扰信号组成的,这些干扰之间通常具有一定的相关性,而由 3.4 节的分析可知,当不同方向上的干扰信号相关时,即使干扰信号的个数超过自适应阵列的自由度,但只要干扰空间的维数低于自适应阵列的自由度,自适应阵列仍可以很好地抑制干扰。下面对此问题进行深入的分析。

以窄带噪声干扰为例进行分析,设干扰信号的带宽为 B,中心频率为 f_0。为简化分析,令干扰信号满足窄带条件

$$\frac{B}{f_0} << \frac{\lambda}{D} \tag{5.21}$$

式中:D 为自适应阵列在干扰信号方向上投影的尺寸。

设干扰信号的入射角度为 θ,自适应阵列的阵元间距为 $\lambda/2$,阵元个数为 M,有

$$D = \frac{(M-1)\lambda\sin\theta}{2} \tag{5.22}$$

则

$$B << \frac{2f_0}{(M-1)\sin\theta} \tag{5.23}$$

可以将干扰信号的带宽近似取为

$$B \approx \frac{f_0}{5(M-1)\sin\theta} \tag{5.24}$$

对于工作频率 f_0 为 300MHz 的 8 元自适应置零阵,当干扰信号的入射角度范围为 $-60° \sim 60°$ 时,干扰信号的带宽可以取为

$$B = 9.9\text{MHz} \approx 10\text{MHz} \tag{5.25}$$

即干扰信号的频率可以占据 295 ~ 305MHz 的范围。

当干扰信号为窄带白噪声时,其功率谱和自相关函数如图 5.18 所示。

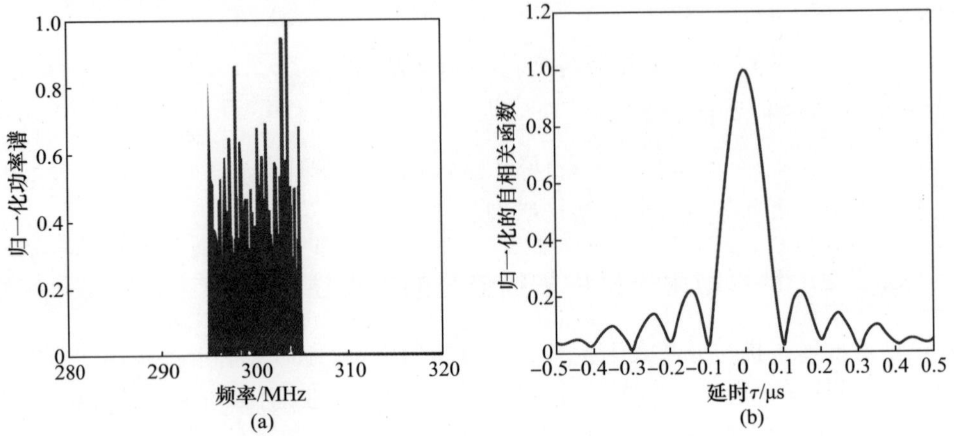

图 5.18 窄带白噪声的功率谱和自相关函数

由归一化的自相关函数可以看出,对于 10MHz 的窄带白噪声,当延时超过带宽的倒数即 $1/B = 0.1\mu s$ 时,该信号的相关性就比较低了,对应的两条路径的距离差为 30m。这说明,对于地形散射干扰中的多个多径信号,当两个多径信号之间的延时超出带宽的倒数,即

$$\Delta\tau \geqslant \tau' = \frac{1}{B} = \frac{5(M-1)\sin\theta}{f_0} \tag{5.26}$$

时,就可以认为这两个多径信号不相关了。为了简化分析,我们可以把地形散射干扰中的多个多径信号相对于参考信号的延时看成是在 0 和最大延时 τ_{max} 之间等间隔分布的,延时间隔为 $d\tau$ 。τ_{max} 取决于地形散射干扰中最长的传播路径的距离 r_{max} 和参考信号的传播距离 r_{min} 的差,即

$$\tau_{max} = \frac{r_{max} - r_{min}}{c} \tag{5.27}$$

则地形散射干扰中的多径干扰信号的个数为

$$L = \frac{\tau_{max}}{d\tau} \tag{5.28}$$

当 $d\tau < \tau'$ 时,地形散射干扰中互不相关的干扰个数 L_i 满足

$$L_i \geqslant \frac{\tau_{max}}{\tau'} = B\tau_{max} = \frac{\tau_{max} f_0}{5(M-1)\sin\theta} \tag{5.29}$$

当 $d\tau > \tau'$ 时,地形散射干扰中互不相关的干扰个数 L_i 就是多径干扰的个数,

即

$$L_i = L = \frac{\tau_{\max}}{\mathrm{d}\tau} \tag{5.30}$$

在工程中,地形散射干扰的实现方式就是用宽的干扰波束照射自适应阵列下方的地面或海面,当干扰波束的宽度为 $\theta_1 \mathrm{rad} \times \theta_2 \mathrm{rad}$,干扰源离自适应阵列的距离为 R 时,则照射区域的面积 S 满足

$$S \geqslant R\theta_1 \times R\theta_2 = R^2\theta_1\theta_2 \tag{5.31}$$

一般情况下,工程中这个面积通常是很大的。例如,当支援干扰机距离自适应阵列的距离 R 为 40km,干扰波束为 9° × 9°,即 0.157rad × 0.157rad 时,照射区域的面积大于 39.4km^2,而且这块面积一般离自适应阵列是很近的,所以从这么大的面积上反射和散热出的地形散射干扰足以覆盖自适应阵列一侧的旁瓣。当然,也有一定的概率覆盖自适应阵列的两侧旁瓣,但此时干扰必然会进入自适应阵列的主瓣,对于从主瓣进入的干扰,自适应阵列是无法抑制的。本节只考虑干扰从旁瓣进入的情况,所以当自适应阵列的主瓣位于 0°方向且主瓣宽度为 θ_m 时,我们需要将干扰的入射角度限定在 $(\theta_m/2, 90°)$ 或者 $(-90°, -\theta_m/2)$ 的范围内。

下面对地形散射干扰的最大延时进行估计。如图 5.19 所示,将地球表面的球面模型简化为平面模型考虑。设干扰源的高度为 h_1,自适应阵列的高度为 h_2,干扰波束的宽度为 θ_m,干扰源与自适应阵列的距离为 R,从干扰波束的两个边缘射出的信号经过地面反射和散射到达自适应阵列所经过的路径长度分别为 $R_1 + R_2$ 和 $R_3 + R_4$,并设干扰波束的掠地角为 α。基于图 5.19 中的三角几何关系,首先可以由正弦定理得出

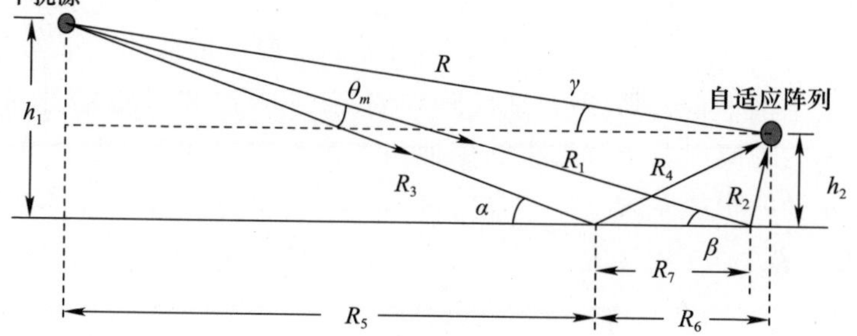

图 5.19　地形散射干扰几何示意图

$$R_3 = \frac{h_1}{\sin\alpha} \tag{5.32}$$

由三角形的角度关系容易得出

$$\beta = \alpha - \theta_m \tag{5.33}$$

再用正弦定理得出

$$R_1 = \frac{h_1}{\sin\beta} = \frac{h_1}{\sin(\alpha - \theta_m)} \tag{5.34}$$

由正切关系,有

$$R_5 = \frac{h_1}{\tan\alpha} \tag{5.35}$$

进而可以得出

$$R_6 = \sqrt{R^2 - (h_1 - h_2)^2} - R_5 = \sqrt{R^2 - (h_1 - h_2)^2} - \frac{h_1}{\tan\alpha} \tag{5.36}$$

由勾股定理可得

$$R_4 = \sqrt{R_6^2 + h_2^2} = \sqrt{R^2 - h_1^2 + 2h_1h_2 + h_1^2/\tan^2\alpha - 2h_1/\tan\alpha\sqrt{R^2 - (h_1 - h_2)^2}} \tag{5.37}$$

由正弦定理可得

$$R_7 = \frac{R_3\sin\theta_m}{\sin\beta} = \frac{h_1\sin\theta_m}{\sin\alpha\sin(\alpha - \theta_m)} \tag{5.38}$$

再由勾股定理可得

$$R_2 = \sqrt{(R_6 - R_7)^2 + h_2^2} = \sqrt{\frac{h_1^2}{\sin^2\alpha} + \frac{h_1^2\sin^2\theta_m}{\sin^2\alpha\sin^2(\alpha - \theta_m)} - \frac{2h_1^2\sin\theta_m}{\sin^2\alpha\sin(\alpha - \theta_m)} + h_2^2} \tag{5.39}$$

至此,我们已经将 R_1 、R_2 、R_3 和 R_4 都用 h_1 、h_2 、θ_m 、R 和 α 5 个参数表示了出来。即从波束的两个边缘射出的信号经过地面散射后形成的两个多径信号的路径长度只取决干扰平台的高度、自适应阵列的高度、干扰波束的宽度、干扰源与自适应阵列之间的距离以及干扰波束的掠地角 5 个参数。知道了这 5 个参数,就可以求出两条路径的距离差为

$$\begin{aligned}\Delta R &= |(R_1 + R_2) - (R_3 + R_4)| \\ &= \left|\frac{h_1}{\sin(\alpha - \theta_m)} + \sqrt{\frac{h_1^2}{\sin^2\alpha} + \frac{h_1^2\sin^2\theta_m}{\sin^2\alpha\sin^2(\alpha - \theta_m)} - \frac{2h_1^2\sin\theta_m}{\sin^2\alpha\sin(\alpha - \theta_m)} + h_2^2}\right. \\ &\quad \left. - \frac{h_1}{\sin\alpha} - \sqrt{R^2 - h_1^2 + 2h_1h_2 + h_1^2/\tan^2\alpha - 2h_1/\tan\alpha\sqrt{R^2 - (h_1 - h_2)^2}}\right|\end{aligned} \tag{5.40}$$

这个距离就是地形散射干扰中的多径信号路径差的最大值，进而可以得出最大延时为

$$\tau_{\max} = \frac{\Delta R}{c} \tag{5.41}$$

取干扰源平台的高度 $h_1 = 4\text{km}$，自适应阵列的高度 $h_2 = 1\text{km}$，干扰波束的宽度 $\theta_m = 9°$，干扰源与自适应阵列的距离 $R = 40\text{km}$，干扰波束的掠地角 $\alpha = 14°$，可得

$$R_1 + R_2 = 51813\text{m} \tag{5.42}$$

$$R_3 + R_4 = 40399\text{m} \tag{5.43}$$

两条路径之差为

$$\Delta R = |(R_1 + R_2) - (R_3 + R_4)| = 11414\text{m} \tag{5.44}$$

则地形散射干扰中的最大延时为

$$\tau_{\max} = \frac{\Delta R}{c} = 38\mu\text{s} \tag{5.45}$$

由前面的讨论可知，对于带宽为 10MHz 的窄带白噪声形成的地形散射干扰，两条多径信号之间的延时超过 0.1μs 时，就可以认为两条信号是独立的，所以当地形散射干扰中的多径延时连续分布时，对于 38μs 的延时，就可以有 380 条相互独立的多径信号。当然，其中会有很多条多径信号的入射角度非常相近，可以认为是从同一个角度入射。例如，当两个干扰的入射角度相差小于 0.5°时，即可认为是从同一个角度入射，那么，当这 380 条多径信号覆盖了自适应阵列在 $(\theta_m/2, 90°)$ 范围内的旁瓣区时，可以等效成角度间隔为 0.5°的不相关的分布式干扰，干扰的个数为 $(90 - \theta_m/2)/0.5$ 。

下面分别对旁瓣对消系统和自适应置零阵进行地形散射干扰环境下的仿真。由于地形散射干扰的产生机理过于复杂，为了简化分析，假设地形散射干扰中的多径干扰信号的入射角度是在旁瓣区内随机均匀分布的，而且多径干扰信号的功率也是在一定的区间内随机均匀分布的。

5.3.3 地形散射干扰环境下的旁瓣对消系统性能仿真分析

对 5 个辅助通道的旁瓣对消系统进行仿真。为了简化分析，主天线仍采用图图 5.1 所示的简化方向图，主瓣宽度 $\theta_m = 10°$ 。辅助天线仍采用 0dB 的全向天线。自适应阵列的工作频率为 300MHz，设地形散射干扰从旁瓣对消系统右侧旁瓣进入，即入射范围为 5° ~ 90°。由式(5.24)可知，满足窄带条件的干扰信号带宽不能大于 12MHz，所以将干扰信号取为 294 ~ 306MHz 的窄带白噪声。用式(5.26)

可以求出用此白噪声产生的地形散射干扰中的两条多径信号可以判为相互独立所需要的延时 $\tau' = 0.083\mu s$，仿真中我们就将多径信号的延时间隔取为 $0.083\mu s$。设最大延时 τ_{max} 的范围取为[1μs,50μs]，则地形散射干扰中独立的多径信号的个数与最大延时的对应关系如图5.20所示。

设地形散射干扰中的多径信号的入射角度在5°~90°内随机均匀分布，通道噪声功率取为单位功率，即1W。设多径干扰的干噪比在一个10dB的区间内均匀分布，我们考虑[0dB,10dB]、[10dB,20dB]、[20dB,30dB]、[30dB,40dB]4个区间。系统的输入干扰功率和输出干扰功率的关系曲线如图5.21所示。由图可见，当地形散射干扰的最大延时增大即地形散射干扰中的独立的多径干扰信号增多时，旁瓣对消系统的输入干扰功率和输出干扰也随之增加，而且最大延时超过10μs时，输入干扰功率与输出干扰功率的差值基本上在15dB左右。当最大延时 $\tau_{max} = 20\mu s$ 时，4种情况下辅助通道的输入干噪比可以分别近似为30dB、40dB、50dB和60dB，系统的输出干噪比分别为13dB、24dB、35dB和45dB，则系统的对消比分别为17dB、16dB、15dB和15dB。

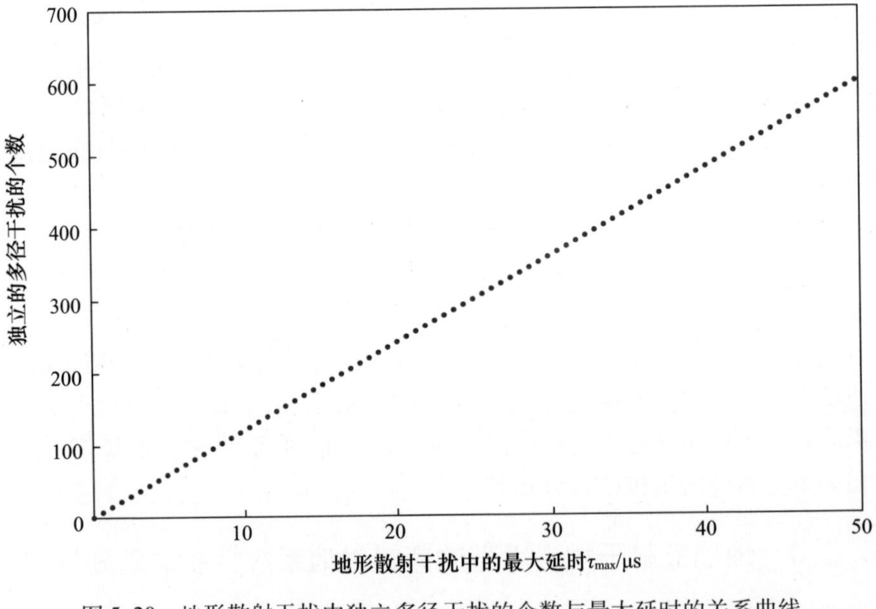

图5.20 地形散射干扰中独立多径干扰的个数与最大延时的关系曲线

以上4种情况下得出的对消比曲线如图5.22所示，由图可见，当最大延时大于10μs时，旁瓣对消系统的对消比基本上都维持在15dB左右。显然，在地形散射干扰环境下，旁瓣对消系统的性能严重衰退了。

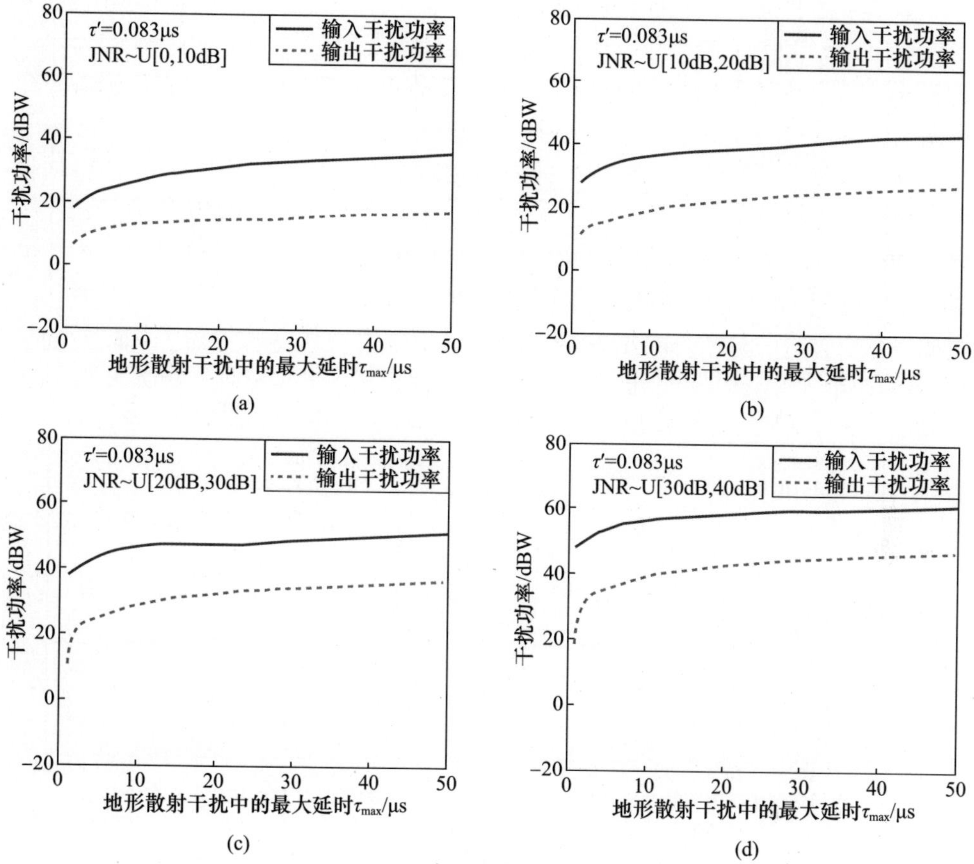

~U表示服从均匀分布。

图 5.21　地形散射干扰下旁瓣对消系统的输入干扰和输出干扰功率

5.3.4　地形散射干扰环境下的自适应置零阵性能仿真分析

对 8 阵元自适应置零阵进行仿真。阵元均采用 0dB 的全向天线。自适应置零阵的工作频率为 300MHz,瞄准方向为 0°方向,主瓣宽度为 10°。设地形散射干扰从右侧旁瓣进入,即入射范围为 5°～90°。由式(5.24)可知,满足窄带条件的干扰信号带宽不能大于 8.6MHz,所以将干扰信号取为 295.7～304.3MHz 的窄带白噪声。用式(5.26)求出用此白噪声产生的地形散射干扰中的两条多径信号可以判为相互独立所需要的延时 $\tau' = 0.117\mu s$,仿真中就将多径信号的延时取为 $0.117\mu s$,则地形散射干扰中独立的多径信号的个数与最大延时的对应关系如图 5.23所示。

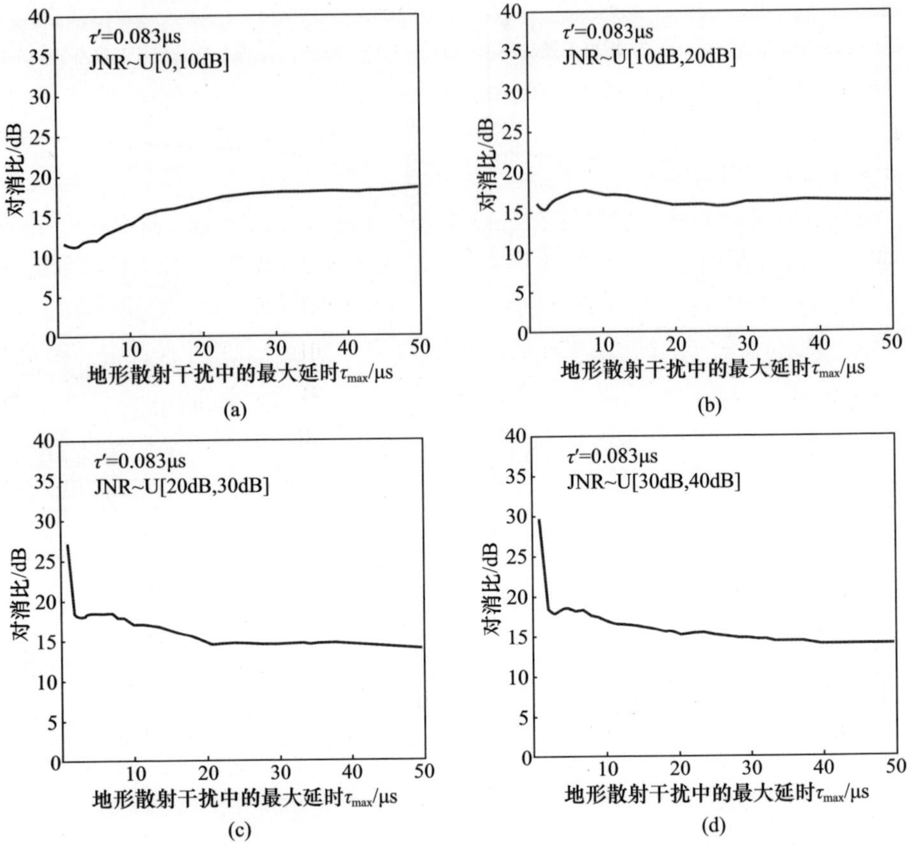

图 5.22　地形散射干扰下旁瓣对消系统的对消比与最大延时的关系曲线

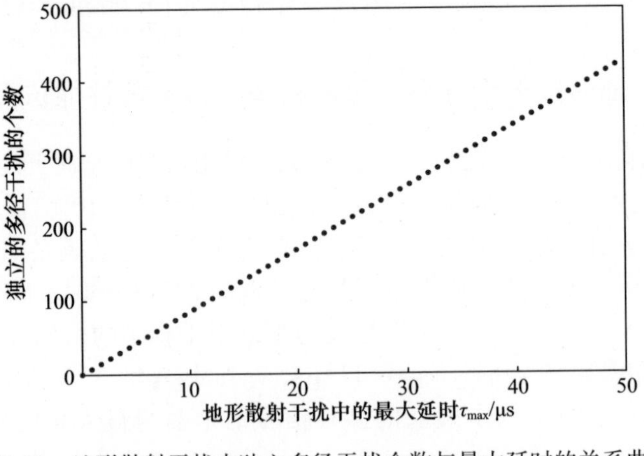

图 5.23　地形散射干扰中独立多径干扰个数与最大延时的关系曲线

设地形散射干扰中的多径信号的入射角度在 5°～90°内随机均匀分布的，通道噪声功率取为单位功率 1W。每条多径干扰的干噪比在一个 10dB 的区间内均匀分布，我们考虑[0dB，10dB]、[10dB，20dB]、[20dB，30dB]、[30dB，40dB]4 个区间。系统的输入干扰功率和输出干扰功率如图 5.24 所示。由于噪声为单位功率，则输入干扰功率就等于输入干噪比。由图可见，当 τ_{max} 取为 20μs 时，4 种情况下的自适应置零阵的输入干噪比可以分别近似为 30dB、40dB、50dB 和 60dB。由 4.2 节的仿真可知，在理想干扰环境下，当输入干噪比为 30dB 和 40dB 时，8 阵元自适应置零阵的改善因数的仿真值分别为 37.9 dB、47.9dB、57.9dB 和 67.9dB。在地形散射干扰环境下，自适应置零阵的改善因数曲线如图 5.25 所示。由图可见，当 τ_{max} =20μs 时，自适应置零阵的改善因数分别为 25dB、26dB、33dB 和 38dB。与理想干扰环境下的改善因数相比，分别下降了约 12.9dB、21.9dB、24.9dB、29.9dB。由此可见，在地形散射干扰环境下，自适应置零阵的性能也有明显的衰退。

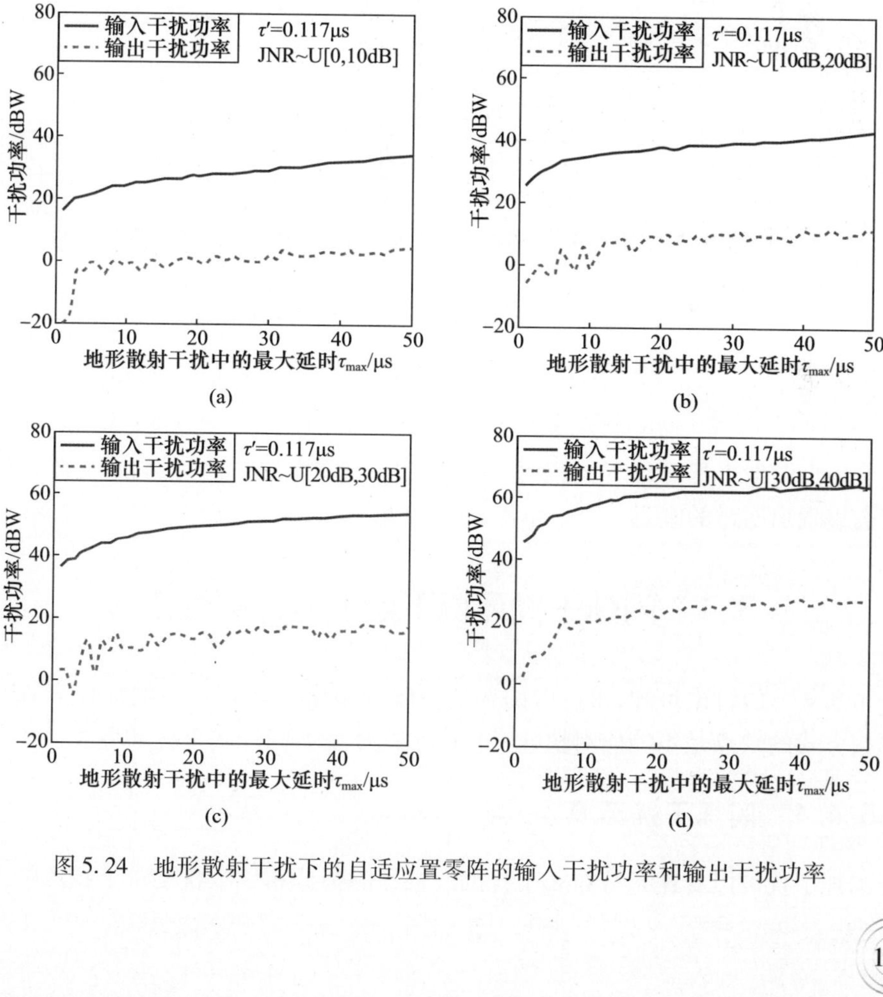

图 5.24　地形散射干扰下的自适应置零阵的输入干扰功率和输出干扰功率

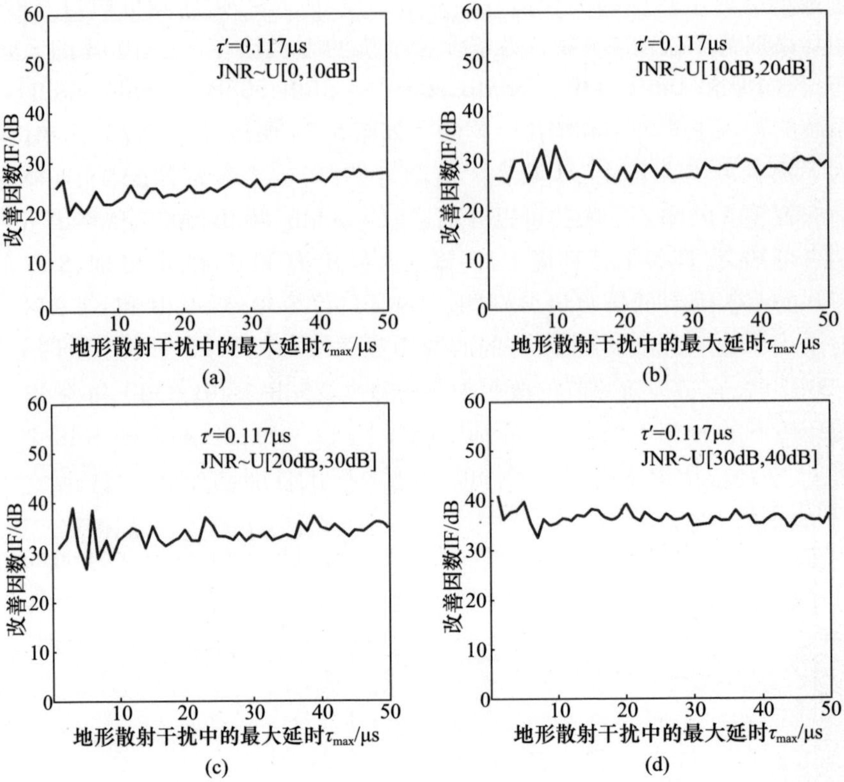

图 5.25　地形散射干扰下的自适应置零阵的改善因数与最大延时的关系曲线

5.3.5　结论

在地形散射干扰环境下，只要空间关系和干扰参数设置合理，自适应阵列的性能就会表现出明显的衰退。

5.4　闪烁干扰环境下自适应阵列性能

由 3.4 节的讨论可知，雷达中的自适应阵列多使用块自适应的加权方式。这种加权方式的缺点是不能应对快速变化的干扰环境如闪烁式干扰环境[2]。

5.4.1　闪烁干扰环境

闪烁干扰可以看作是分布式干扰的改进。因为分布式干扰要求干扰源的个数通常较多,但闪烁干扰最少只需要两个不同方向上的干扰源即可实现,其原理如图5.26所示:两个干扰源A和B交替发射干扰信号。自适应阵列采用块自适应的加权方式,即根据一段数据算出权值,用这个权值对消后面的一段干扰,当自适应阵列收集到一段干扰源A的信号,从而在干扰源A的方向上形成波束零点后,干扰源A很可能停止发射,干扰源B开始工作,显然,位于干扰源A方向上的波束零点是不能抑制干扰源B方向上的干扰的。所以,自适应阵列在这种闪烁干扰环境下无法充分地抑制干扰。

以上讨论的是两个干扰源的闪烁干扰,干扰源数量多于两个时,也可以用类似的方法来实现闪烁干扰。由此可见,闪烁干扰虽然也是用了多个的干扰源,但其破坏自适应阵列干扰抑制功能的原理却不是通过使自适应阵列过载实现的,而是针对自适应阵列块自适应的特点,构造出空间结构非平稳的干扰环境,即 T_1 和 T_2 内的干扰信号的空间结构不一致,导致自适应阵列在进行干扰抑制的权值与干扰环境的空间结构不匹配,从而无法抑制干扰。

考虑两个干扰源的情况,记为A和B。方向分别为 θ_1 和 θ_2 ,目标信号的方向为 θ_s 。自适应阵列对两个干扰的导向矢量分别为 $\boldsymbol{a}(\theta_1)$ 和 $\boldsymbol{a}(\theta_2)$,对目标信号的导向矢量为 $\boldsymbol{a}(\theta_s)$ 。设两个干扰源的发射时序如图5.26所示,每次发射时间持续 T。两个源的干扰信号分别为 j_1 和 j_2 ,则阵列收到干扰信号输入矢量为

$$\boldsymbol{j} = \begin{cases} j_1\boldsymbol{a}(\theta_1) & 2kT \leqslant t < (2k+1)T \\ j_2\boldsymbol{a}(\theta_2) & (2k+1)T \leqslant t < (2k+2)T \end{cases} \tag{5.46}$$

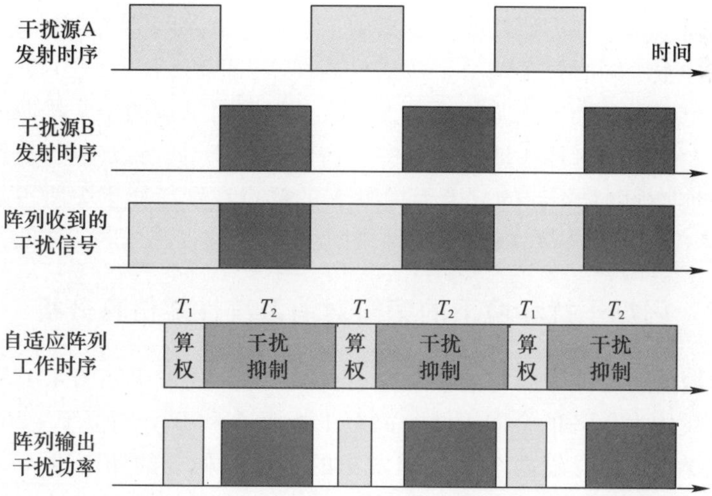

图5.26　闪烁干扰示意图(见彩图)

忽略目标信号和通道噪声，则输入矢量 $\boldsymbol{x}=\boldsymbol{j}$，设用来算权的训练样本的数量为 N，这 N 个样点中有 N_1 个是干扰信号 A 的采样，有 $N_2=N-N_1$ 个是对干扰信号 B 的采样。协方差矩阵的估计值为

$$\hat{\boldsymbol{R}}_{xx}=\frac{1}{N}\left[\sum_{n=1}^{N_1}j_1j_1^*\boldsymbol{a}(\theta_1)\boldsymbol{a}^{\mathrm{H}}(\theta_1)+\sum_{n=1}^{N_2}j_2j_2^*\boldsymbol{a}(\theta_2)\boldsymbol{a}^{\mathrm{H}}(\theta_2)\right]=\frac{N_1}{N}\hat{\boldsymbol{R}}_1+\frac{N_2}{N}\hat{\boldsymbol{R}}_2 \tag{5.47}$$

式中：$\hat{\boldsymbol{R}}_1$ 是只采到干扰信号 A 时的协方差矩阵；$\hat{\boldsymbol{R}}_2$ 是只采到干扰信号 B 时的协方差矩阵；N_1/N 是干扰信号 A 的样本在训练样本中所占的比例，记为 p；N_2/N 是干扰信号 B 的样本在训练样本中所占的比例，记为 q，则

$$p+q=1 \tag{5.48}$$

进而可以将协方差矩阵的估计值写为

$$\hat{\boldsymbol{R}}_{xx}=p\hat{\boldsymbol{R}}_1+q\hat{\boldsymbol{R}}_2 \tag{5.49}$$

当只采到干扰信号 A，即 $p=1$ 时，有

$$\hat{\boldsymbol{R}}_{xx}=\hat{\boldsymbol{R}}_1 \tag{5.50}$$

用这些训练样本算出的权值只能抑制干扰信号 A，对干扰信号 B 是无效的。

当只采到干扰信号 B，即 $q=1$ 时，有

$$\hat{\boldsymbol{R}}_{xx}=\hat{\boldsymbol{R}}_2 \tag{5.51}$$

用这些训练样本算出的权值只能抑制干扰信号 B，对干扰信号 A 是无效的。

当训练样本中同时包含两个干扰信号的样本，即 $0<p<1$，$0<q<1$ 时，协方差矩阵中包含了两个干扰源的信息，因而，可以同时抑制两个干扰源的干扰。但由于对两个干扰源的采样在训练样本中所占的比例不同，可以预见，自适应阵列对两个干扰的抑制程度是不同的。当干扰源 A 的样点在训练样本中所占的比例越高时，对干扰源 A 的抑制程度就越高，同时，对干扰源 B 的抑制程度就越低，反之亦然。

5.4.2 闪烁干扰环境下的旁瓣对消系统性能仿真分析

对 5 个辅助通道的旁瓣对消系统进行仿真，主天线采用如图 4.1 所示的方向图。辅助天线均为 0dB 的全向天线。两个干扰源 A 和 B 分别位于 −26°和 35°，干扰信号采用噪声干扰。设两个干扰源发出的干扰以相等的功率进入旁瓣对消系统，并且二者在发射时序上构成闪烁干扰。旁瓣对消系统算权用的训练样本数为 300，其中对干扰源 A 的采样所占的比例为 p，对干扰源 B 的采样所占的比例为 $q=$

$1-p$。两个干扰源在辅助通道形成的干噪比的变化范围为 0 ~ 50dB,则在不同的 p 值下对干扰源 A 和干扰源 B 的对消比如图 5.27 所示。由图可见,当干扰源 A 的样点在训练样本中所占的比例为 $p=1$ 时,干扰源 B 的采样所占的比例为 $q=0$,即此时的训练样本都是对干扰源 A 的采样。由图 5.27(a)可见,此时对消系统对干扰源 A 的对消比接近于 4.1 节给出的对消比上限。由图 5.27(b)可见,此时旁瓣对消系统对干扰源 B 的对消比在 0dB 以下,即旁瓣对消系统对干扰源 B 没有抑制能力。当干扰源 A 的样点在训练样本中的比例 p 由 1 降到 0.5、0.1、0.01 和 0.0001 时,干扰源 B 的样点在训练样本中所占的比例 q 相应地增加到 0.5、0.9、0.99 和 0.9999,此时旁瓣对消系统对干扰信号 A 的对消比依次明显下降。对干扰信号 B 的对消比则接近于 4.1 节给出的对消比上限。

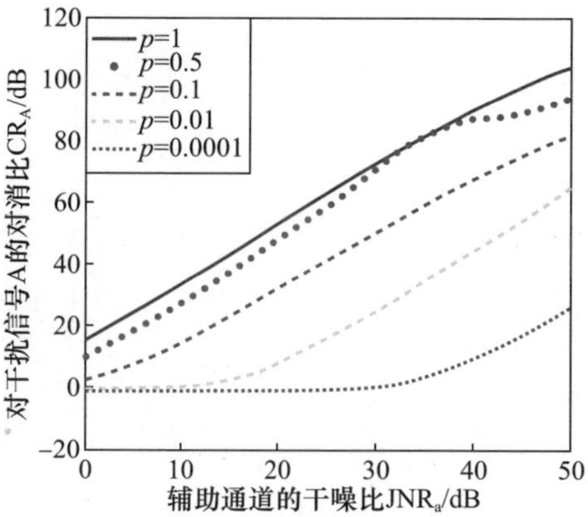

(a)

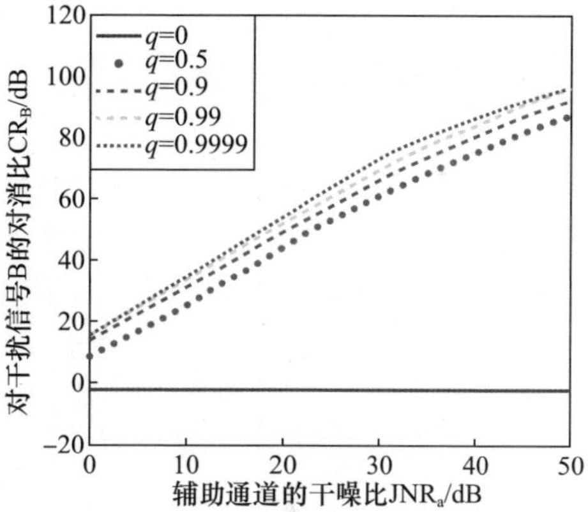

(b)

图 5.27 闪烁干扰下的旁瓣对消系统的对消比(见彩图)

在不同的 p 值下,旁瓣对消系统对干扰信号 A 的对消比的仿真值如表 5.3 所列。当 $p=1$ 时,训练样本完全由干扰信号 A 组成,此时的干扰环境就是 4.1 节中的理想干扰环境,因而,此时旁瓣对消系统对干扰信号 A 的对消比接近于对消比的上限。当 p 取 0.5、0.1、0.01 和 0.0001 时的对消比相对于 $p=1$ 时的对消比的衰减量如表 5.4 所列,这个衰减量体现了闪烁干扰环境下旁瓣对消系统的性能的衰退程度。由表 5.4 可以看出,干扰信号的样点在训练样本所占的比例越小,旁瓣对消系统对该干扰的对消性能衰退得越严重。

表 5.3 闪烁干扰环境下的旁瓣对消系统的对消比 CR 单位:dB

p	$JNR_a=10dB$	$JNR_a=20dB$	$JNR_a=30dB$	$JNR_a=40dB$
$p=1$	33.5	53.1	72.3	89.8

（续）

p	$JNR_a=10dB$	$JNR_a=20dB$	$JNR_a=30dB$	$JNR_a=40dB$
$p=0.5$	26.7	47.1	69.7	86.9
$p=0.1$	14.0	32.1	50.7	67.6
$p=0.01$	0.3	7.9	24.6	44.4
$p=0.0001$	-1.2	-1.0	0.5	8.9

表 5.4　闪烁干扰环境下的旁瓣对消系统的对消比衰减量 ΔCR　单位:dB

p	$JNR_a=10dB$	$JNR_a=20dB$	$JNR_a=30dB$	$JNR_a=40dB$
$p=0.5$	6.8	6.0	2.6	2.9
$p=0.1$	21.5	21.0	21.6	22.2
$p=0.01$	33.2	45.2	47.7	45.4
$p=0.0001$	34.7	54.1	71.8	80.9

不同的p值下的旁瓣对消系统的合成方向图如图5.28所示。由图可见，当$p=1$即训练样本完全由干扰信号A组成时，合成方向图在干扰信号A的方向（$-26°$）上形成了深于-100dB的零点，而在干扰信号B的方向上没有形成零点。当干扰信号A的样点在训练样本中的比例p由1降到0.5、0.1、0.01、0.0001时，干扰信号B的样点在训练样本中所占的比例q相应地增加到0.5、0.9、0.99、0.9999，此时合成方向图在干扰源A的方向上的零点的深度依次变浅为-93dB、-80dB，-60dB和-20dB，而在干扰源B的方向上则依次加深至-88dB、-92dB、-100dB、-102dB。合成方向图的变化规律与对消比的变化规律是一致的。

5.4.3　闪烁干扰环境下的自适应置零阵性能仿真分析

对8阵元自适应置零阵进行仿真，阵元均为0dB的全向天线。两个干扰源A和B分别位于$-26°$和$35°$，干扰信号采用噪声干扰，设两个干扰源发出的干扰以相等的功率进入自适应置零阵，并且二者在发射时序上构成闪烁干扰。自适应置零阵算权用的训练样本数为20，其中对干扰信号A的采样所占的比例为p，对干扰信号B的采样所占的比例为$q=1-p$。两个干扰信号的干噪比变化范围为0～50dB。在不同的p值下对干扰信号A和干扰信号B的改善因数如图5.29所示。当干扰信号A的样点在训练样本中所占的比例为$p=1$时，干扰信号B的采样所占的比例为$q=0$，即此时的训练样本都是对干扰信号A的采样。由图5.29(a)可见，此时自适应置零阵对干扰信号A的改善因数接近于4.2节给出的上限。而由图5.29(b)可见，此时自适应置零阵对干扰信号B有13dB的改善因数，这是因为通过对干扰信号A的置零

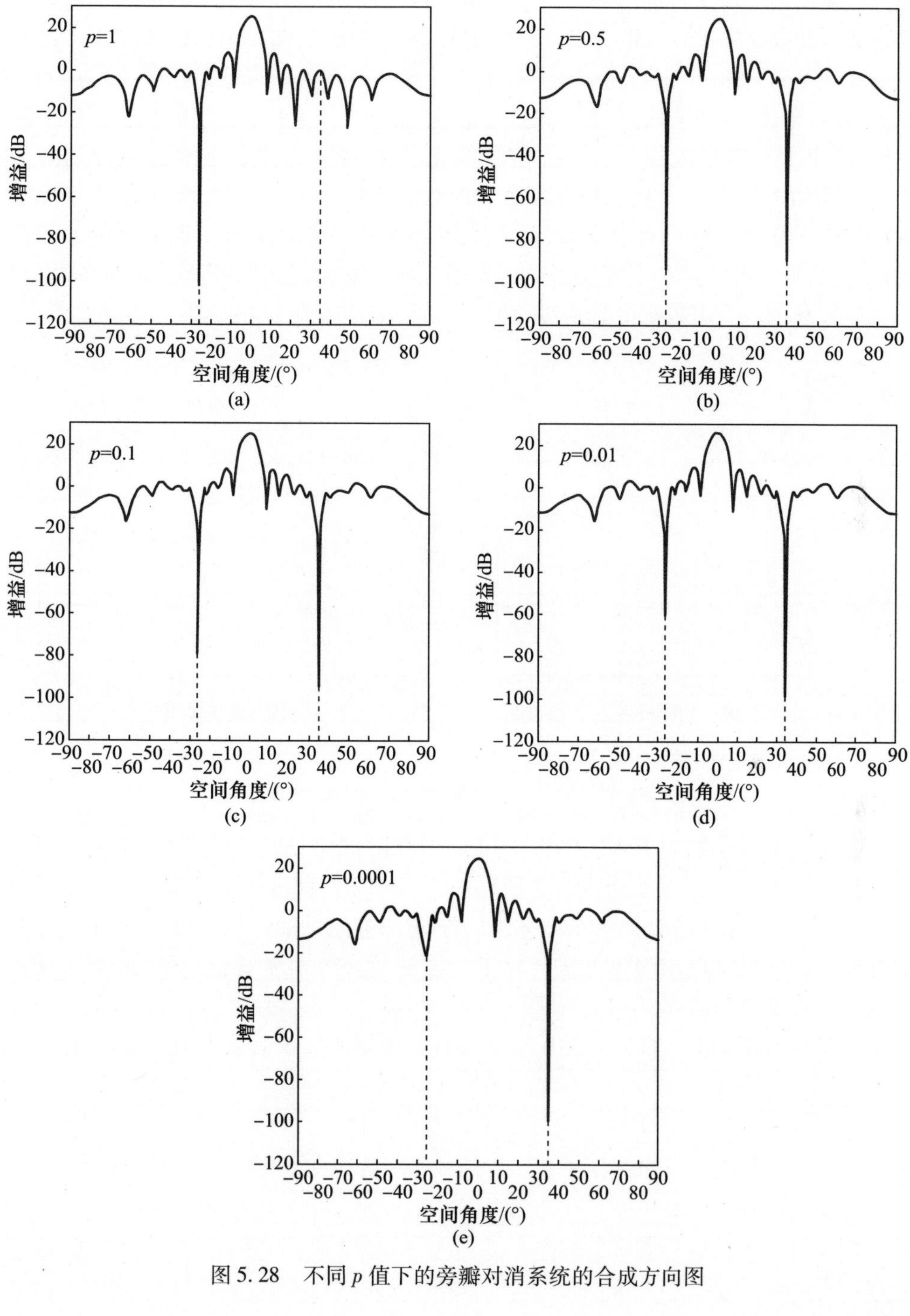

图 5.28　不同 p 值下的旁瓣对消系统的合成方向图

使阵列输出的目标信号的功率获得了增益，而且对干扰信号 A 的置零过程中所形成的自适应波束在干扰源 B 的方向上恰好具有较低的增益，所以虽然训练样本中没有对干扰信号 B 的采样，但自适应置零阵对干扰信号 B 仍然获得了 13dB 的改善因数。即便如此，自适应置零阵的性能还是严重恶化了，因为与 4.2 节给出的改善因数上限相比，13dB 是微不足道的。当干扰信号 A 的样点在训练样本中的比例分别降为 0.5、0.25 和 0.1 时，对干扰信号 A 的改善因数没有明显下降。当 p 降到 0.05 即对干扰信号 A 的采样点数只有 1 个时，对干扰信号 A 的改善因数有了明显下降。相应地，干扰信号 B 的样点在训练样本中所占的比例 q 增加到 0.5、0.75、0.9 和 0.95，对干扰信号 B 的改善因数则上升到接近于 4.2 节给出的上限。

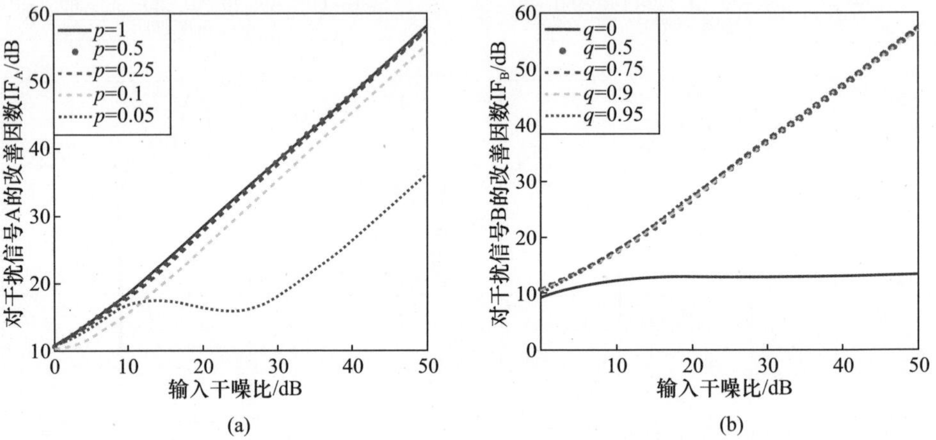

图 5.29　闪烁干扰下的改善因数(见彩图)

当输入干噪比取为 10dB、20dB、30dB 和 40dB 时，自适应置零阵对干扰信号 A 和干扰信号 B 的改善因数如表 5.5 所列。当 $p=1$ 时，训练样本完全由干扰信号 A 的样本组成，此时自适应置零阵对干扰信号 A 的抑制性能等同于理想干扰环境下的性能。由此可以得出闪烁干扰环境下自适应置零阵对干扰信号 A 和 B 的改善因数的损失分别如表 5.6 和表 5.7 所示。

表 5.5　闪烁干扰环境下自适应置零阵的改善因数 IF　　单位:dB

JNR		JNR = 10dB	JNR = 20dB	JNR = 30dB	JNR = 40dB
$p=1$ $q=0$	IFA	18.4	28.0	38.0	48.0
	IFB	12.3	13.1	13.2	13.2
$p=0.5$ $q=0.5$	IFA	18.2	27.8	37.8	47.8
	IFB	17.5	26.8	36.7	46.6

（续）

JNR		JNR = 10dB	JNR = 20dB	JNR = 30dB	JNR = 40dB
$p=0.25$ $q=0.75$	IFA	17.7	27.4	37.4	47.4
	IFB	18.0	27.6	37.5	47.5
$p=0.1$ $q=0.9$	IFA	15.5	25.2	35.3	45.3
	IFB	17.3	27.0	37.0	47.0
$p=0.05$ $q=0.95$	IFA	16.7	16.3	18.0	26.3
	IFB	17.8	27.5	37.5	47.4

表 5.6　闪烁干扰环境下自适应置零阵对干扰信号 A 的改善因数损失 ΔIF　单位：dB

JNR	JNR = 10dB	JNR = 20dB	JNR = 30dB	JNR = 40dB
$p=0.5$	0.2	0.2	0.2	0.2
$p=0.25$	0.7	0.7	0.6	0.6
$p=0.1$	2.9	2.8	2.7	2.7
$p=0.05$	1.7	11.7	20.0	21.7

表 5.7　闪烁干扰环境下自适应置零阵对干扰信号 B 的改善因数损失 ΔIF　单位：dB

JNR	JNR = 10dB	JNR = 20dB	JNR = 30dB	JNR = 40dB
$q=0$	6.1	15.1	25.2	35.2
$q=0.5$	0.9	1.2	1.3	1.4
$q=0.75$	0.4	0.4	0.5	0.5
$q=0.95$	0.6	0.5	0.5	0.6

不同的 p 值下的自适应置零阵的自适应波束如图 5.30 所示，由图可见，当 $p=1$ 即训练样本全由干扰信号 A 的组成时，合成方向图在干扰源 A 的方向（$-26°$）上形成了接近 -80dB 的零点，而在干扰尖 B 的方向上则没有形成零点。当干扰信号 A 的样点在训练样本中的比例 p 降到 0.5 和 0.25 时，在干扰源 A 方向上的零点的深度接近 -70dB。当 p 降到 0.1 时，在干扰源 A 方向上的零点的深度变为 -60dB。当 p 降到 0.05 时，在干扰源 A 方向上的零点的深度只有 -36dB。干扰信号 B 的样点在训练样本中所占的比例 q 增加到 0.5、0.75、0.9 和 0.95 时，自适应波束在干扰源 B 的方向上则都形成了深于 -60dB 的零点，并且零点深度依次变深。自适应波束的变化规律与改善因数的变化规律是一致的。

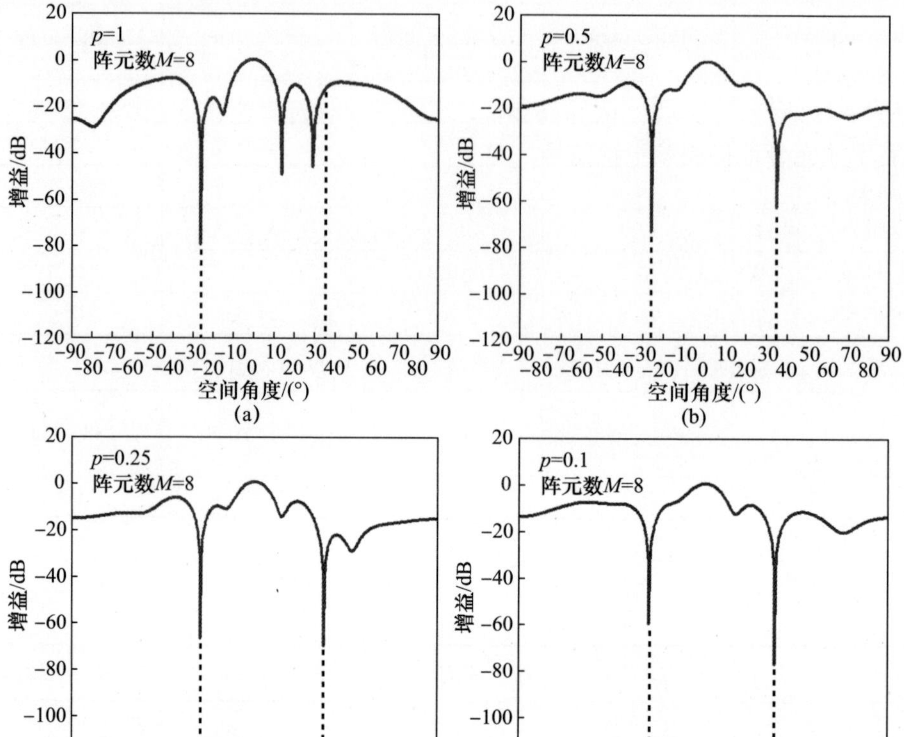

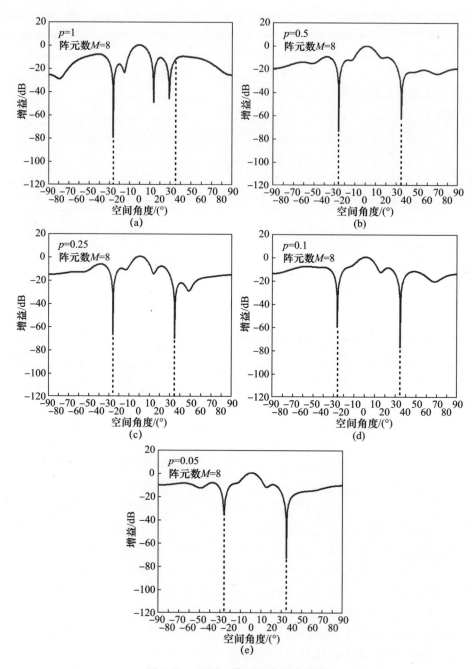

图 5.30　不同 p 值下的自适应波束

5.4.4　结论

在闪烁干扰环境下,对单个干扰信号的抑制程度取决于该干扰信号的采样在训练样本中所占的比例,比例越高,对该干扰信号抑制得越充分,反之,比例很低时,就不能充分地抑制该干扰信号。

5.5　去相关干扰环境下的自适应阵列性能

由 3.6 节的讨论可知,自适应阵列的性能是强烈依赖于干扰信号的空间相关性的,当干扰信号的空间相关性降低时,自适应阵列的性能也会降低[2]。

5.5.1　去相关干扰环境

干扰信号的空间相关性既与自适应阵列的接收通道间的幅相一致性[40]有关,又与干扰信号的形式有关。所以可以利用自适应阵列的幅相不一致性,通过设计特定形式的干扰信号来降低干扰信号的空间相关性,一种典型的信号形式就是窄脉冲干扰信号。如图 5.31 所示,设脉冲的宽度为 τ,相邻两个通道间的传输延时为 τ',相邻两个通道收到的脉冲的重合时间为 $\tau - \tau'$,则干扰信号的空间相关系数为

$$|\rho| = \frac{\tau - \tau'}{\tau} \tag{5.52}$$

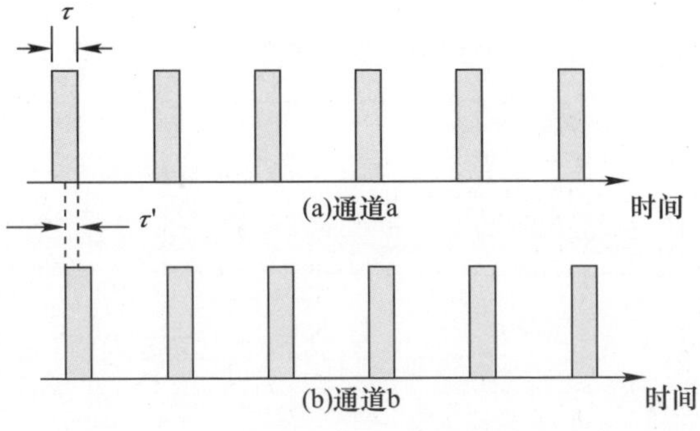

图 5.31　窄脉冲干扰的去相关示意图

当脉冲足够窄即 τ 足够小时,空间相关系数就可能明显地小于 1,从而自适应阵列的性能会出现明显的下降。例如,对于工作在 300MHz 的自适应阵列,波长 λ 为 1m,设相邻通道的间距 d 为波长 λ 的 1/2,即 0.5m。当入射角度为 30°时,则干扰信号在相邻通道间的传输延时为

$$\tau' = d\sin\theta/c = \frac{5}{6} \times 10^{-9}\text{s} = \frac{5}{6}\text{ns} \tag{5.53}$$

当干扰脉冲的宽度取为 10ns 时，由式(5.52)可得干扰信号的空间相关系数的幅度为

$$|\rho| \approx 0.917 \tag{5.54}$$

由图 3.20 和图 3.21 可以看出，当干扰信号的空间相关系数的幅度由 1 降到 0.917 时，单个辅助通道的旁瓣对消系统的对消比至少会下降 28dB，16 元自适应置零阵的输出信干噪比会损失约 20dB。

5.5.2 去相关干扰环境下的旁瓣对消系统性能仿真分析

对 5 个辅助通道的旁瓣对消系统进行仿真，主天线采用如图 4.1 所示的方向图。辅助天线均为 0dB 的全向天线。旁瓣对消系统的工作频率为 300MHz，波长为 1m，通道间距 d 取为波长的 1/2，即 0.5m，干扰信号的入射角度为 $\theta_j = 30°$。由前面的分析可知，此时通道间的延时为 $\tau' = 5/6\text{ns} \approx 0.83\text{ns}$。干扰信号采用占空比为 50% 的窄脉冲调制信号，中心频率为 300MHz。脉冲宽度取为 20ns、15ns、10ns 和 5ns 4 种，则由式(5.52)可以得出 4 种脉宽下干扰信号的空间相关系数幅度分别为 0.96、0.94、0.92 和 0.83。干扰信号的干噪比范围为 0 ~ 50dB。仿真得到 4 种脉宽下的对消比和干噪比的关系如图 5.32 所示。由图可见，在这 4 种脉宽下，旁瓣对消系统的对消比都很有限，远远低于 4.2 节中的理想干扰环境下所达到的对消比。可以看出，脉冲越窄，系统所能达到的对消比越低，这是因为脉冲越窄，干扰信号的空间相关性就越弱，旁瓣对消系统的性能就越差。

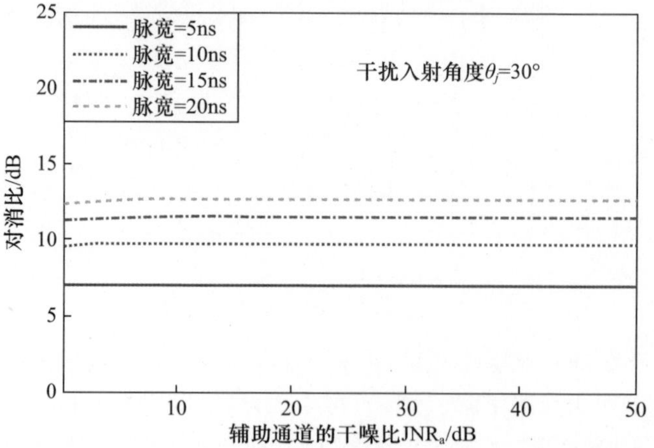

图 5.32　窄脉冲干扰下的旁瓣对消系统的对消比与干噪比的关系曲线(见彩图)

当辅助通道的干噪比取为 10dB、20 dB、30dB 和 40dB 时，不同的脉冲宽度下旁瓣对消系统的对消比如表 5.8 所列。与表 4.1 所列的理想干扰环境下的旁瓣对消系统的对消比相比，可以得出去相关干扰环境下的旁瓣对消系统的对消比衰减量如表 5.9 所列。

表 5.8　去相关干扰环境下旁瓣对消系统的对消比 CR　单位：dB

脉宽	$JNR_a = 10dB$	$JNR_a = 20dB$	$JNR_a = 30dB$	$JNR_a = 40dB$
脉宽 = 20ns	12.6	12.7	12.7	12.7
脉宽 = 15ns	11.5	11.5	11.5	11.5
脉宽 = 10ns	9.7	9.7	9.7	9.7
脉宽 = 5ns	7.0	7.0	7.0	7.0

表 5.9　去相关干扰环境下旁瓣对消系统的对消比衰减量 ΔCR　单位：dB

脉宽	$JNR_a = 10dB$	$JNR_a = 20dB$	$JNR_a = 30dB$	$JNR_a = 40dB$
脉宽 = 20ns	21.5	41.3	61.2	79.9
脉宽 = 15ns	22.6	42.5	62.4	81.1
脉宽 = 10ns	24.4	44.3	64.2	82.9
脉宽 = 5ns	27.1	47.0	66.9	85.6

5.5.3　去相关干扰环境下的自适应置零阵性能仿真分析

对 8 阵元的自适应置零阵进行仿真，阵元均为 0dB 的全向天线。自适应置零阵的工作频率为 300MHz，波长为 1m，通道间距 d 取为波长的 1/2，即 0.5m，干扰信号的入射角度、信号形式、中心频率、干扰功率和脉冲宽度等参数均同于 5.5.1 节中的仿真设置。仿真得到 4 种脉宽下的改善因数和干噪比的关系如图 5.33所示。由图可见，在这 4 种脉宽下，自适应置零阵列的改善因数很有限，远远低于 4.2 节给出的改善因数上限。可以看出，脉冲越窄，系统的改善因数越低。因为脉冲越窄，干扰信号的空间相关性就越弱，自适应置零阵的性能就越差。

当输入干噪比取为 10dB、20dB、30dB 和 40dB 时，不同的脉冲宽度下自适应置零阵的改善因数如表 5.10 所列。与表 4.2 所列的条件下自适应置零阵的改善因数相比，可以得出去相关干扰环境下的自适应置零阵的改善因数损失如表 5.11 所列。

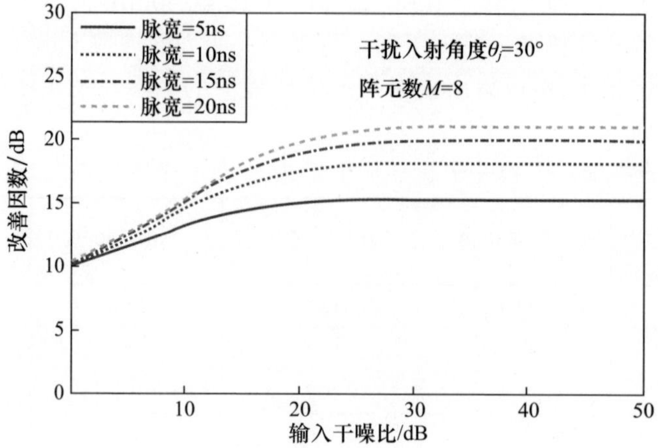

图 5.33 窄脉冲干扰下的 8 阵元自适应置零阵的改善因数与干噪比的关系曲线(见彩图)

表 5.10 去相关干扰环境下自适应置零阵的改善因数 IF 单位:dB

脉宽	JNR = 10dB	JNR = 20dB	JNR = 30dB	JNR = 40dB
脉宽 = 20ns	15.3	19.7	20.9	21.1
脉宽 = 15ns	15.0	18.9	19.8	19.9
脉宽 = 10ns	14.4	17.4	18.1	18.1
脉宽 = 5ns	13.2	15.0	15.2	15.3

表 5.11 去相关干扰环境下自适应置零阵的改善因数损失 ΔIF 单位:dB

脉宽	JNR = 10dB	JNR = 20dB	JNR = 30dB	JNR = 40dB
脉宽 = 20ns	3.0	8.2	17.0	26.8
脉宽 = 15ns	3.3	9.0	18.1	28.0
脉宽 = 10ns	3.9	10.5	19.8	29.8
脉宽 = 5ns	5.1	13.0	22.7	32.6

5.5.4 结论

在去相关干扰环境下,自适应阵列的性能会出现明显的衰退,衰退的程度取决于干扰信号的空间相关系数,空间相关系数越低,衰退得越严重。需要指出的是,窄脉冲只是实现去相关干扰的技术途径之一。在工程实际中,如果窄脉冲的带宽大于雷达的瞬时工作带宽,则窄脉冲会被展宽,自适应阵列的性能衰退可能达不到本节仿真分析所示的程度。但由于自适应阵列通道间固有的幅相不一致性,即便窄脉冲被展宽,仍可以实现一定程度的去相关性。

参 考 文 献

[1] NERI F. Introduction to electronic defense systems [M]. Second Edition. London: Artech House, 2001.

[2] Schleher D C. Electronic warfare in the information age[M]. London: Artech House, 1999.

[3] 刘德树. 雷达反对抗的基本理论与技术[M]. 北京:北京理工大学出版社,1989.

[4] FARINA A. Antenna - based signal processing techniques for radar systems[M]. London: Artech House, 1992.

[5] 龚耀寰. 自适应滤波—时域自适应滤波和智能天线[M]. 2 版. 北京:电子工业出版社,2003.

[6] Van ATTA. Electromagnetiec reflection: USP 2 908 002[P]. 1959.

[7] WIDROW B, HOFF M E. Adaptive switching circuits[C]. IRE WESCON Conv, 1960: 96 - 104.

[8] WIDROW B. Adaptive antenna systems[C]. Proc. IEEE, 1967: 2143 - 2159.

[9] Hassibi B A. H^{∞} optimality criteria for LMS algorithm. [J]. IEEE Trans. SP, 1996, 44: 267 - 280.

[10] NAGUMO J I, NODA A. A learning method for system identification[J]. IEEE Trans AC, 1967, 12: 282 - 287.

[11] ALBERT A E, GARDNER L S. Stochastic approximation and nonlinear regression[M]. MIT Press, 1967.

[12] SAYED AH, KAILATH T. A state - space approach to adaptive RLS filtering[J]. IEEE Trans. SP, 1994, 11: 18 - 60.

[13] McWHIRTER G J. Recursive least - squares minimization using systolic arrays[C]. SPIE, 1983: 431.

[14] KUNG H T, LEISERSON C E. Systolic arrays (for VLSI)[J]. Sparse Matrix Symposium, SIAM, 1978, 256 - 282.

[15] WARD C R, HARGRAVE P J, McWHIRTER J G. A novel algorithm and architecture for adaptive digital beamforming [J]. IEEE Trans. AP, 1986, 34(3): 338 - 346.

[16] McWHIRTER JG, SHEPHERD T J. Systolic array processor for MVDR beamforming [J]. Proc. IEE, 1989: 136.

[17] REED I S, mallett J D, Brennan L E. Rapid convergence rate in daptive arrays[J]. IEEE Trans. AES, 1974(10): 853 - 863.

[18] TEITLEBAUM K. A flexible processor for a digital adaptive array radar[J]. IEEE Trans. AES, 1991: 18 - 22.

[19] HOWELLS W P. Explorations in fixed and adaptive at GE and SURC[J]. IEEE Trans. Special Issue on Adaptive Antennas,1976,AP(24):575 – 584.

[20] APPLEBAUM S P, CHAPMAN D J. Adaptive arrays with mainbeam constraints [J]. IEEE Trans. Special Issue on Adaptive Antennas,1976,AP(24):650 – 662.

[21] WIDROW B. Adaptive antenna systems[J]. Proc IEEE,1967,63:719 – 720.

[22] MOORE A R. MESAR(Multi – function,electronically scanned,adapative radar)[C]//IEE Radar Systems(Radar – 97). Edinburg:IEE,1997:55 – 59.

[23] LARVOR J P. SAFRAN:a digital beamforming radar for battlefield applications[C]//IEE Radar Systems(Radar – 97). Edinburg:IEE,1997:60 – 64.

[24] SZU H. Digital radar cimmercial applications[C]//Int. radar Conf. Alexandria:IEE,2000:717 – 722.

[25] CANTRELL B. Development of a digital array radar[J]. IEEE AES Systems Mag,2002,17(3):22 – 27.

[26] MANOLAKIS D G. 统计与自适应信号处理[M]. 周正,等译. 北京:电子工业出版社,2003.

[27] GONG Y H. An Experimental adaptive radar array system[C]//Proceedings of International Radar Conference. London,1992:481 – 484.

[28] 常晋聃,赵海华,易正红,等. 目标信号效应对旁瓣对消系统性能的影响[J]. 中国电子科学研究院学报,2008,3(5):495 – 499.

[29] REDDY V U,PAULRAJ A,KAILATH T. Perfomance analysis of the optimum beamformer in the prensence of correlated sources and its behavior under spatial smoothing[J]. IEEE Trans ASSP, 1987,35(7):927 – 936.

[30] 常晋聃,易正红,甘荣兵. 相关干扰对旁瓣对消系统性能的影响[J]. 中国电子科学研究院学报,2009,4(1):89 – 92.

[31] TIE – JUN SHAN T K. Adaptive beamforming for cohorent signals and interference[J]. IEEE Trans. ASSP,1985,33(3):527 – 536.

[32] WANG Lijun,ZHAO Huichang,XIONG Gang,et al. Adaptive beamforming with coherent interference for GPS receivers[C]//International Conference on Microwave and Millimeter Wave Technology Proceedings,2004:622 – 626.

[33] 陈志群,权太范,赵淑清. 高频雷达射频干扰自适应对消[J]. 电子学报,2001(10):1439 – 1441.

[34] Giuseppe Montalbano G V S. Optimum beamforming performance degradation in the presence of imperfect spatial coherence of wavefronts[J]. IEEE Trans. Antennas and Propagation,2003,51(5):1030 – 1039.

[35] 常晋聃,易正红,甘荣兵. 旁瓣对消系统的对消比上限分析[J]. 电波科学学报,2009(1):132 – 135.

[36] 常晋聃,甘荣兵. 自适应置零阵的性能上限分析[J]. 电子信息对抗技术,2016(4):

44 - 49.
[37] 陈欣. 针对雷达系统的有源分布式干扰之研究[D]. 成都:电子科技大学,2007.
[38] BJORKLUND S, NELANDER A. Theoretical aspects on a method for terrain scattered interference mitigation in radar[J]. IEEE. 0 - 7803 - 8882 - 8,2005.
[39] GOKTUN S, ORUC E. Jamming sidelobe canceller using hot clutter [D]. California: Naval postgraduate school,2005.
[40] 倪晋麟,苏为民,储晓彬. 幅相不一致性对自适应阵列性能的影响[J]. 应用科学学报, 2000,18(3):223 - 226.

常用符号表

$\boldsymbol{a}$	导向矢量
$\boldsymbol{w}$	权矢量
$\boldsymbol{x}$	阵列的输入矢量
$\boldsymbol{R}_{xx}$	输入矢量的协方差矩阵
$\boldsymbol{r}_{xy}$	互相关矢量

主要缩略语

A/D	Analog/Digital	模/数
ADAP	Advanced Digital Antenna Product	先进数字天线产品
ADBF	Adaptive Digital Beam Forming	自适应数字波束形成
CNR	Carrier – to – Noise Ratio	载噪比
CR	Cancellation Ratio	对消比
DAR	Digital Array Radar	数字阵列雷达
DBF	Digital Beam Forming	数字波束形成
DDC	Digital Down Converter	数字下变频
DMI	Direct Matrix Inversion	直接矩阵求逆
DOA	Direction of Arrival	波达方向
DSCS – Ⅲ	Defense Satellite Communications System – Ⅲ	第三代国防卫星通信系统
DSP	Digital Signal Processor	数字信号处理器
ECM	Electronic Countermeasure	电子对抗
ERGM	Extended – Range Guided Munition	增程制导弹药
GPS	Global Positioning System	全球定位系统
IF	Improvement Factor	改善因数
INCANS	Interference Cancellation System	干扰对消系统
INS	Inertial Navigation System	惯性导航系统
ITU	International Telecommunication Union	国际电信联盟
JDAM	Joint Direct Attack Munition	联合直接攻击弹药
JNR	Jamming – to – Noise Ratio	干噪比
JSOW	Joint Stand off Weapon	联合防区外武器
JSR	Jamming – to – Signal Ratio	干信比
LCMV	Linearly Constrained Minimum Variance	线性约束最小方差
LMS	Least Mean Square	最小均方
LOCUST	Low – Cost UAV Swarming Technology	低成本无人机集群技术
LS	Least Square	最小二乘
MaxSNR	Maximum Signal – to – Noise Ratio	最大信噪比
MESAR	Multifunction Electronic Scanning Adaptive Radar	多功能电子扫描自适应雷达
ML	Maximum Likelihood	最大似然

MMIC	Monolithic Microwave Integrated Circuit	微波单片集成电路
MMSE	Minimum Mean Square Error	最小均方误差
NEMESIS	Netted Emulation of Multi – Element Signatures against Integrated Sensors	针对综合传感器的网络化多要素特征模拟
NJR	Noise – to – Jamming Ratio	噪干比
OFFSET	Offensive Swarm – Enabled Tactics	进攻性蜂群使能战术
RLS	Recursive Least Square	递推最小二乘
SCARP	Smart Communication Antenna Research Program	智能通信天线研究项目
SDMA	Space – Division Multiple Access	空分多址
SJNR	Signal – to – Jamming – plus – Noise Ratio	信干噪比
SJR	Signal – to – Jamming Ratio	信干比
SMI	Sample Matrix Inversion	采样矩阵求逆
SNR	Signal – to – Noise Ratio	信噪比
UHF	Ultra High Frequency	超高频
ULA	Uniform Linear Array	均匀线阵
VLSI	Very Large Scale Integration	超大规模集成(电路)

内 容 简 介

本书围绕自适应阵列(旁瓣对消系统和自适应置零阵)的抗干扰性能这一具体问题开展了细致深入的研究。

首先,本书介绍了自适应阵列的原理、实现方式、权矢量表达式和性能指标,分别得出了旁瓣对消系统和自适应置零阵的权矢量的典型表达式,确定了各自的性能指标,还引入了特征分析的数学方法。在此基础之上,本书对自适应阵列抗干扰性能的基本特点进行了深入分析。具体包括:自由度受到限制;目标信号效应会降低自适应阵列的性能;干扰信号与目标信号相关时,自适应阵列的性能会退化;多个干扰信号之间的相关性不会导致自适应阵列的性能下降;自适应阵列的性能高度依赖于信号的空间相关性。然后,本书先研究了理想干扰环境下自适应阵列的性能,这代表着自适应阵列抗干扰性能的理论上限,可以作为研究不同干扰环境下自适应阵列性能的统一参照。最后,本书对分布式干扰环境、地形散射干扰环境、闪烁干扰环境和去相关干扰环境下的自适应阵列性能进行了研究,得出了每种干扰环境下自适应阵列的性能特点,对影响自适应阵列性能的主要因素进行了详细分析,并尽可能以公式的形式给出了定量的分析结果。

本书主要面向雷达和电子对抗领域的科研人员,对提升自适应阵列在复杂干扰环境下的性能的研究有一定的参考价值,对针对自适应阵列的电子对抗的研究也有一定的指导意义。

Introduction

This book focuses on the specific problem of anti – jamming performance of adaptive arrays (sidelobe canceller and adaptive nulling arrays).

First of all, this book describes the principle, implementation, weight vector expression and performance index of adaptive array. The typical expressions of the weight vector of the sidelobe canceller and the adaptive nulling array are obtained respectively, and their respective performance index. The eigen value method of matrix analysis is also introduced. On this basis, this book provides an in – depth analysis of the basic characteristics of adaptive array anti – jamming performance. Specifically: the degree of freedom is limited; the target signal effect will reduce the performance of adaptive array; when the jamming signal is correlated with the target signal, the performance of adaptive array will degrade; the correlation between multiple jamming signals will not cause the performance degradation of adaptive array; the performance of adaptive array is highly dependent on the spatial correlation of the signal. Then, this book studies the performance of adaptive array in an ideal jamming environment, which represents the theoretical upper limit of the anti - jamming performance of adaptive array, and can be used as a unified reference for studying the performance of adaptive array in different jamming environments. Finally, this book studies the performance of adaptive arrays in distributed jamming, terrain scattering jamming, twinkling jamming, and de - correlation jamming environments. The performance characteristics of adaptive arrays in each jamming environment are obtained, and the main factors affecting the performance of the adaptive array are analyzed in detail, and the quantitative analysis results are given in the form of formulas as much as possible.

This book is mainly for researchers in the field of radar and electronic countermeasures. It has a certain reference value for improving the performance of adaptive arrays in complex jamming environments, and it also has certain guiding significance for electronic countermeasures against adaptive arrays.

图 1.1　AN/MPQ－53 多功能相控阵雷达

图 1.2　美国海军“宙斯盾”军舰上的 AN/SPY－1 多功能相控阵雷达

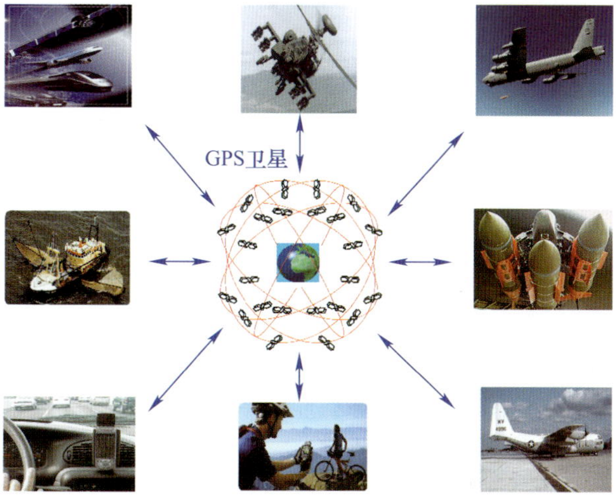

图 1.3　GPS 的应用范围示意图

图 1.4　多型 GPS 自适应置零天线

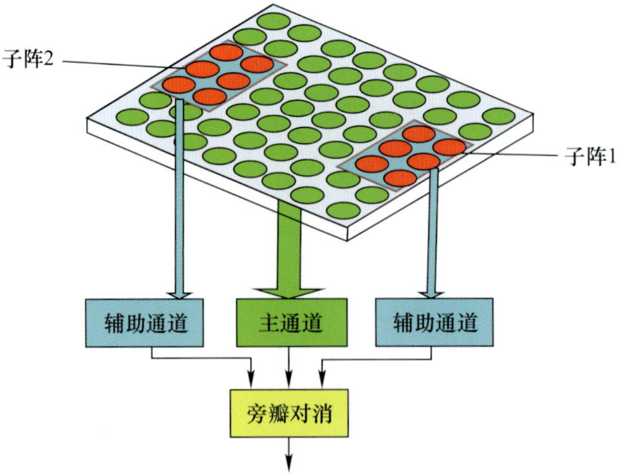

图 2.4　相控阵雷达中旁瓣对消系统实现方式

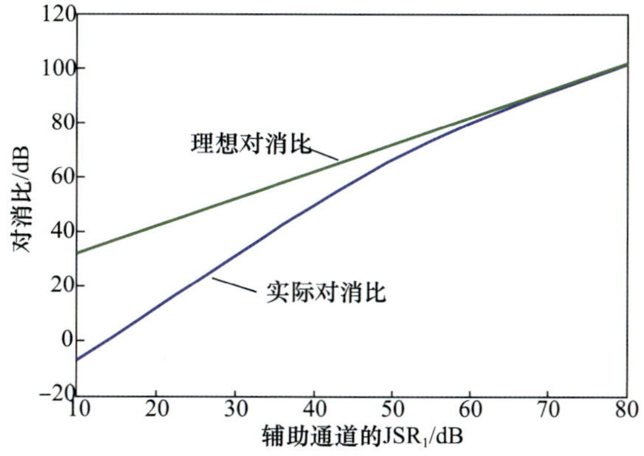

图 3.4　旁瓣对消系统的理想对消和实际对消比

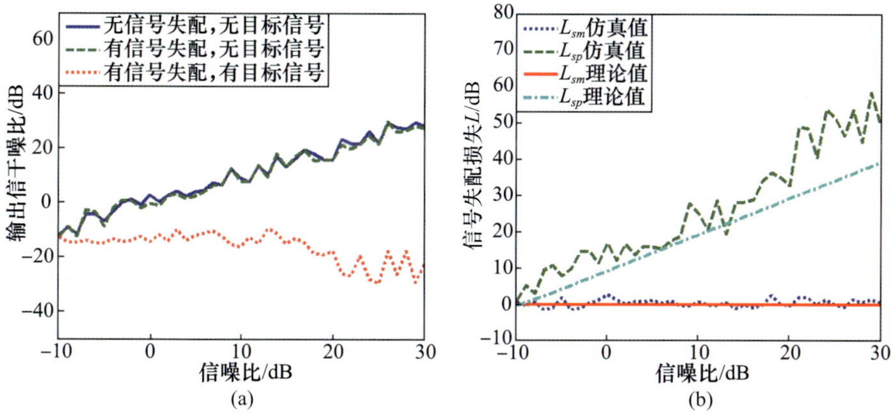

图 3.5　自适应置零阵的输出信干噪比和信号失配损失

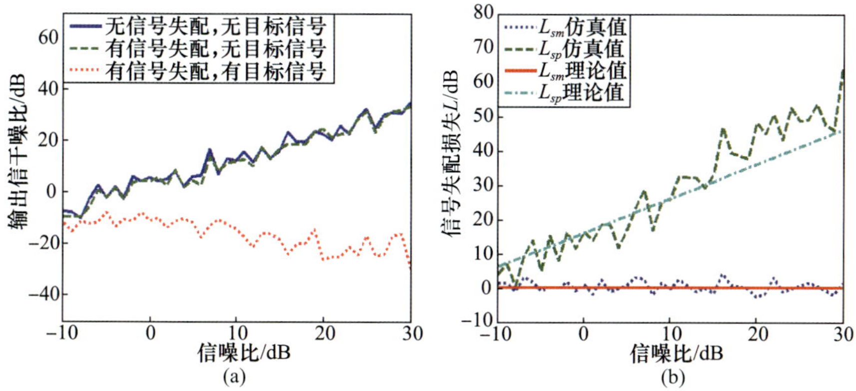

图 3.7　自适应置零阵的输出信干噪比和信号失配损失

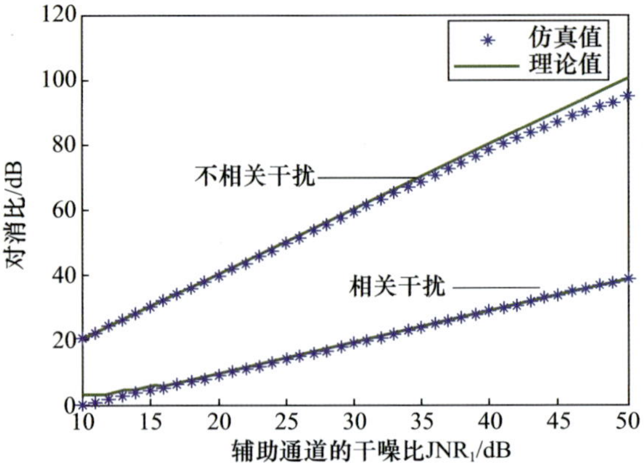

图 3.9　旁瓣对消系统对消比与干扰功率的关系

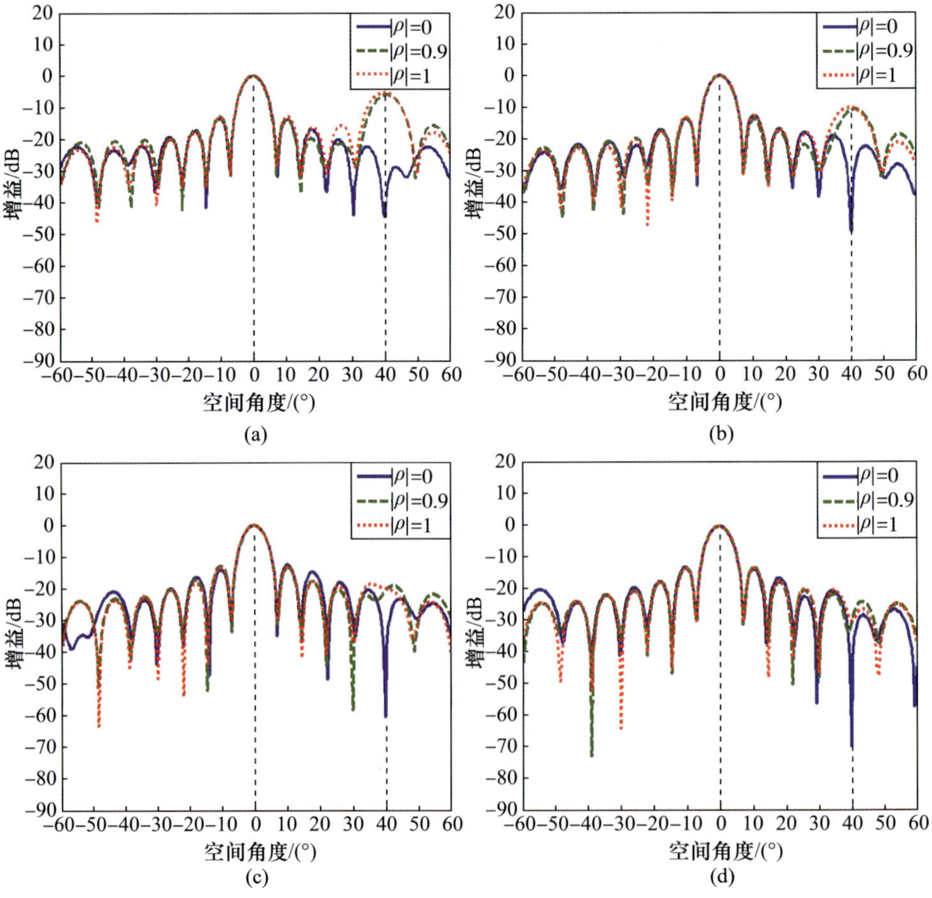

图 3.11　干扰信号与目标信号相关时自适应置零阵的自适应波束

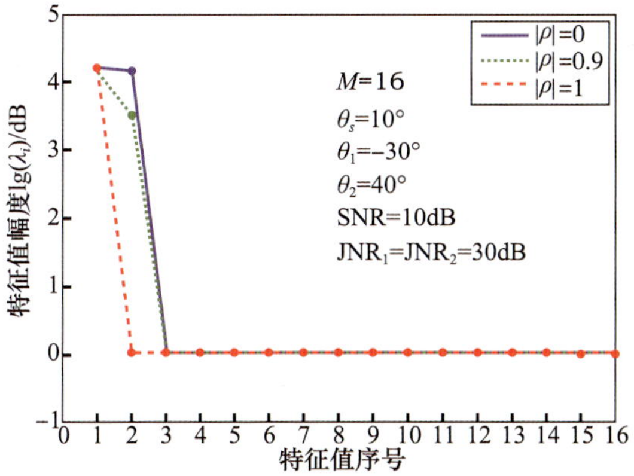

图 3.12　两个干扰信号相关时的特征值分布

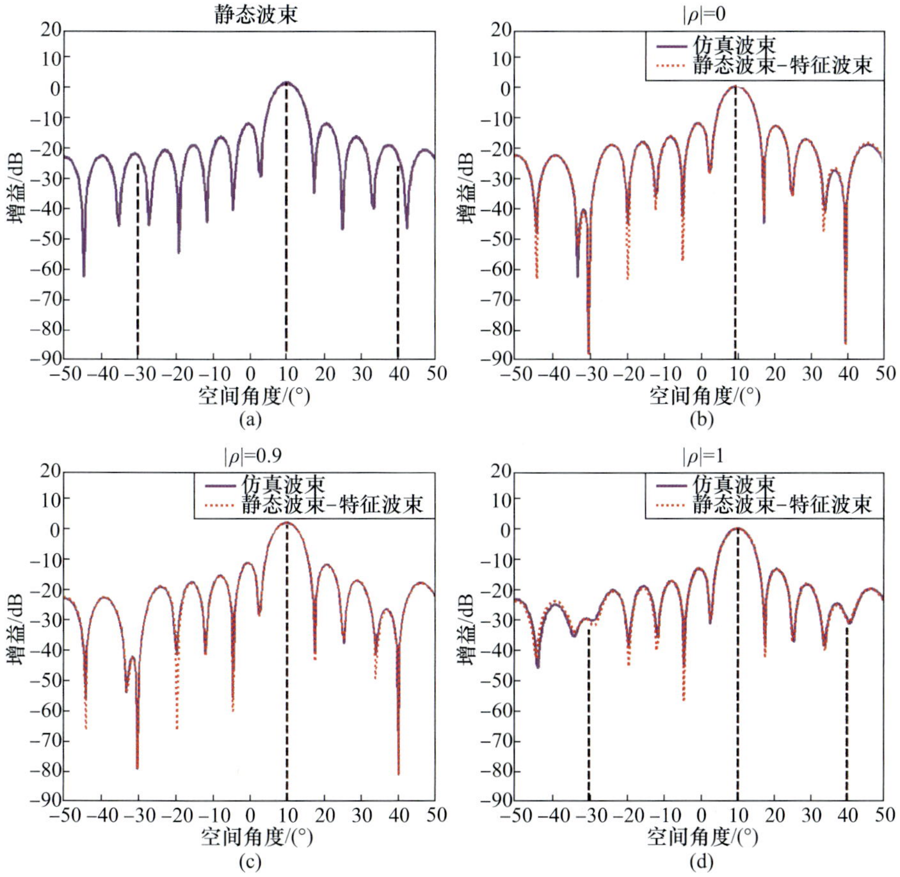

图 3.13　干扰信号相关时自适应阵列的波束

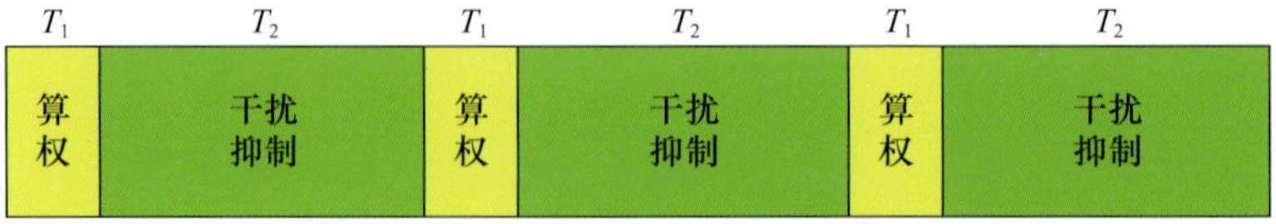

图 3.14　块自适应的加权方式

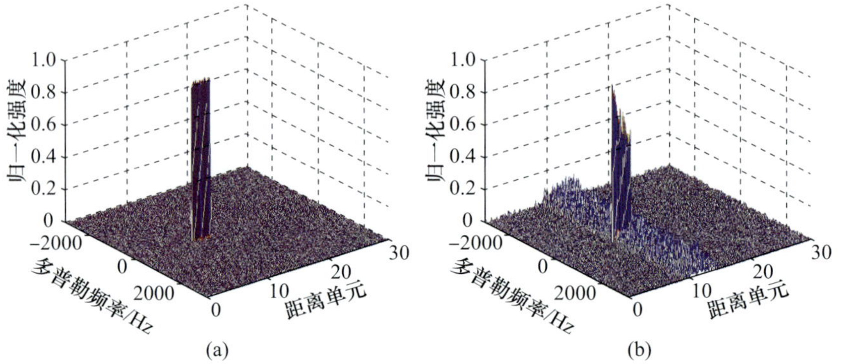

图 3.15　块自适应和采样自适应后的脉冲相参积累输出(信噪比为 5dB)

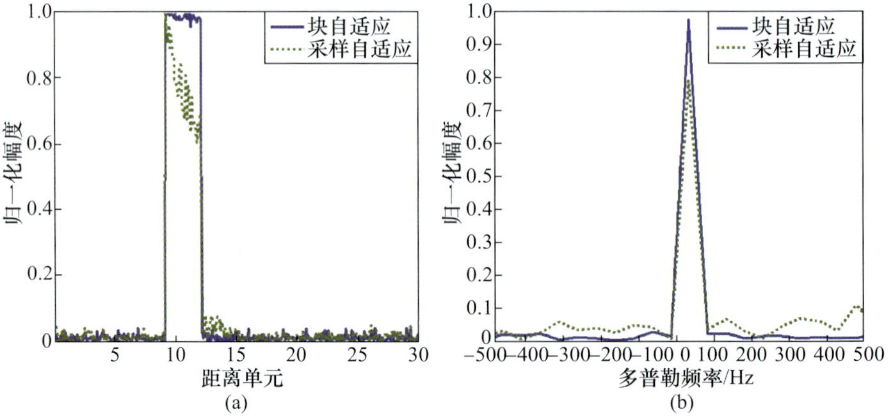

图 3.16　距离维和多普勒维上的相参积累输出(信噪比为 5dB)

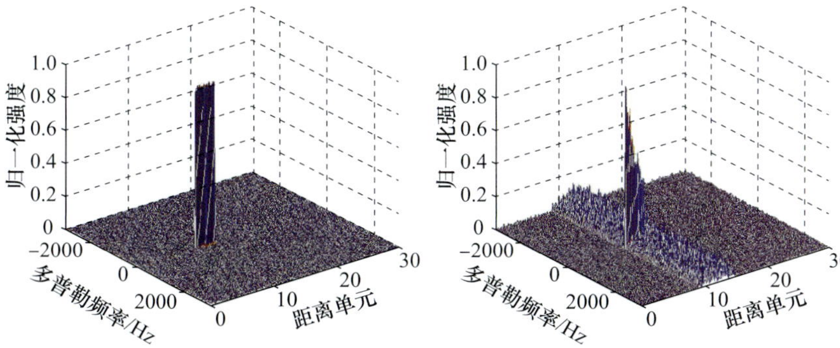

(a) (b)

图 3.17 块自适应和采样自适应后的脉冲相参积累输出(信噪比为 10dB)

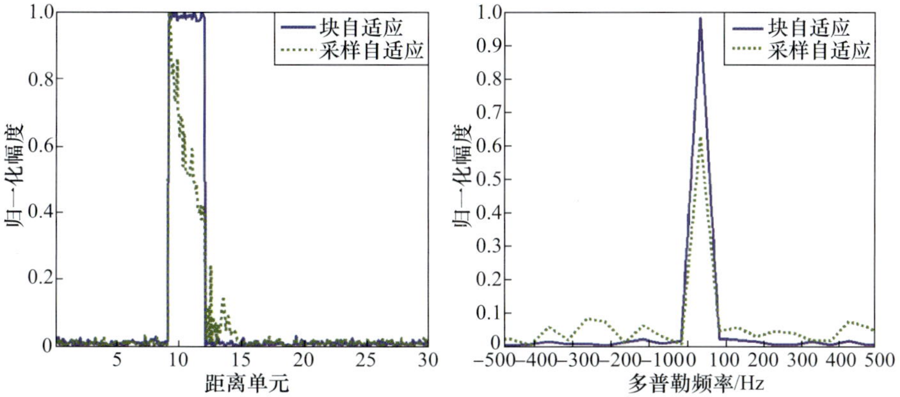

(a) (b)

图 3.18 距离维和多普勒维上的脉冲相参积累输出(信噪比为 10dB)

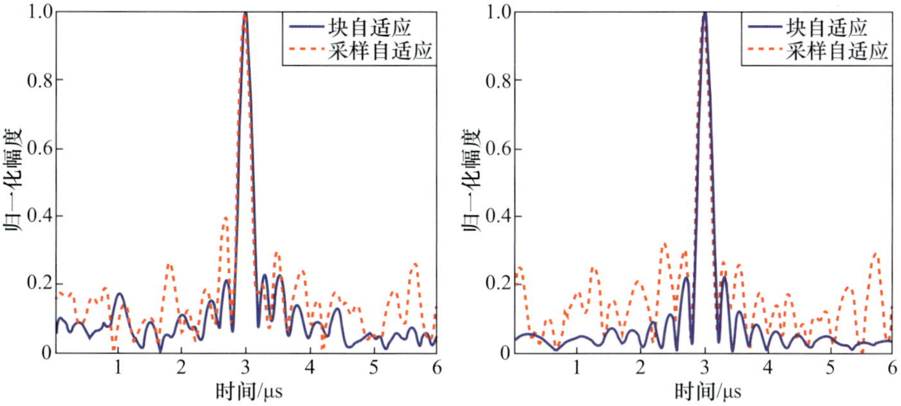

(a) (b)

图 3.19 块自适应和采样自适应后的脉冲压缩输出

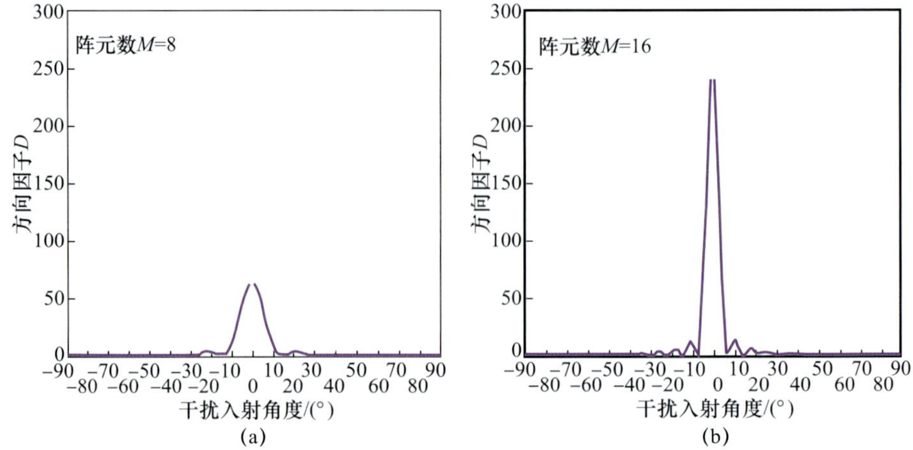

图 4.3　方向因子与干扰入射角度的关系

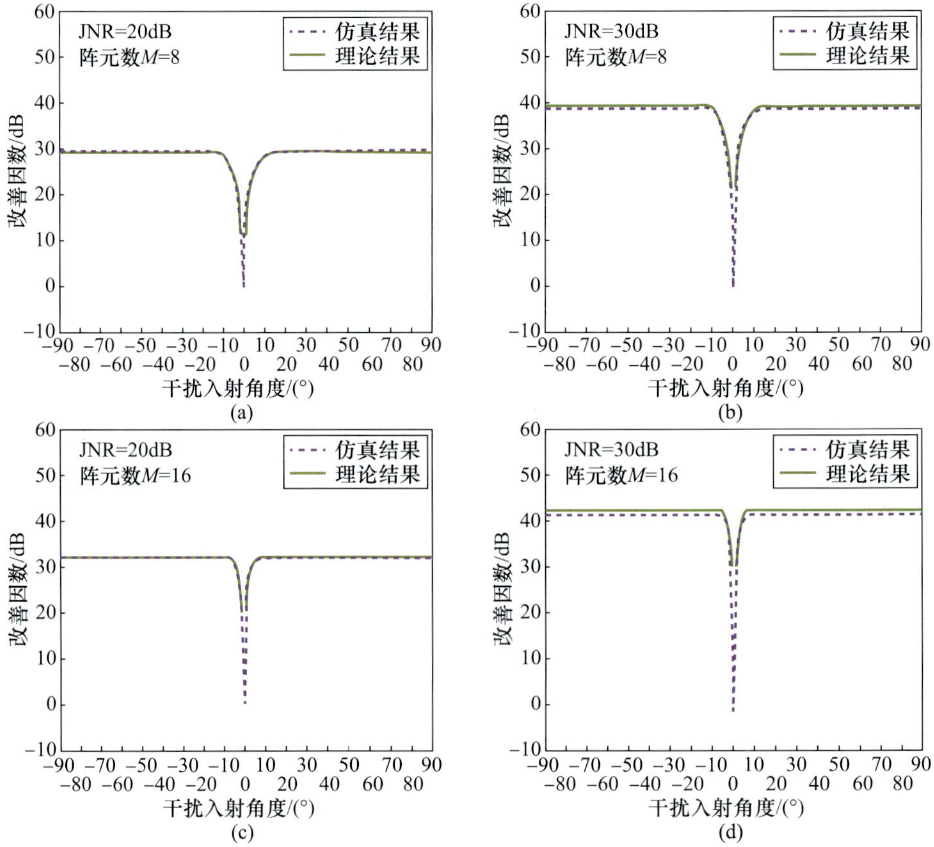

图 4.5　自适应置零阵的改善因数

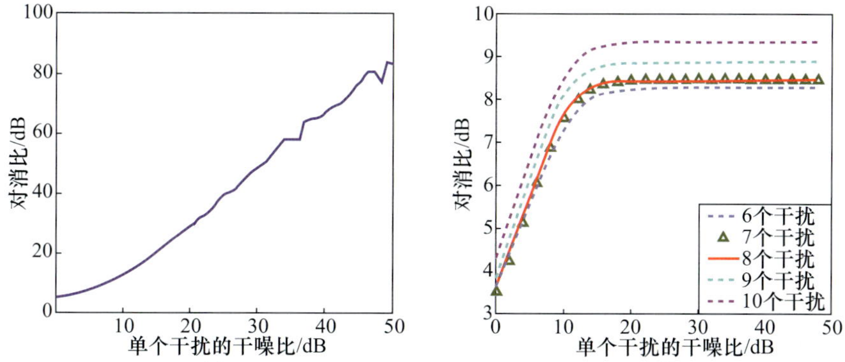

(a) (b)

图 5.3 不同干扰个数下的旁瓣对消系统的对消比

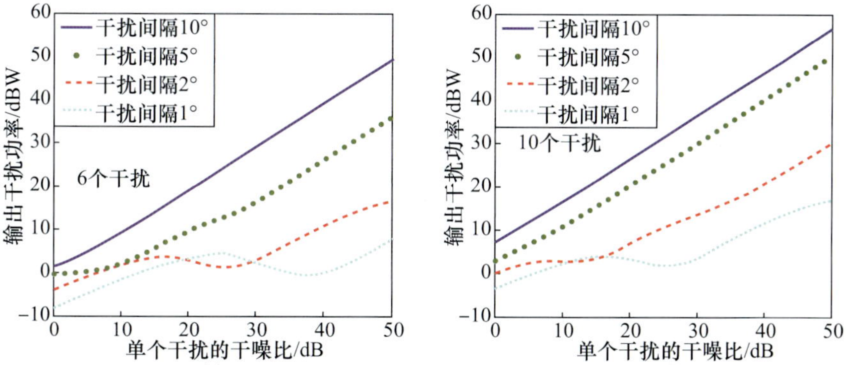

(a) (b)

图 5.4 不同的干扰角度间隔下旁瓣对消系统的输出干扰功率

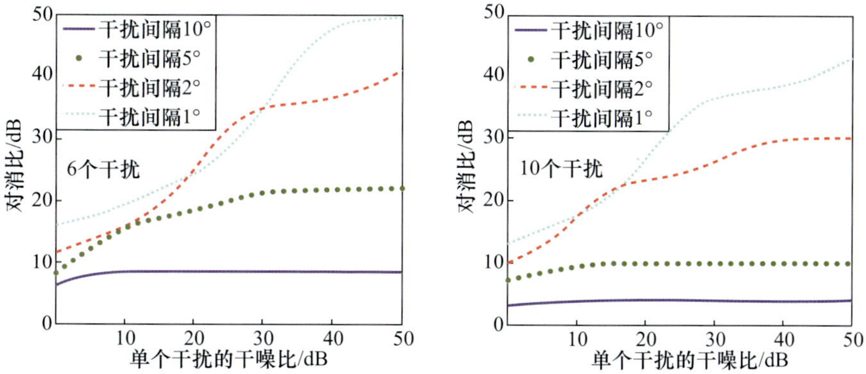

(a) (b)

图 5.5 不同的干扰角度间隔下旁瓣对消系统的对消比

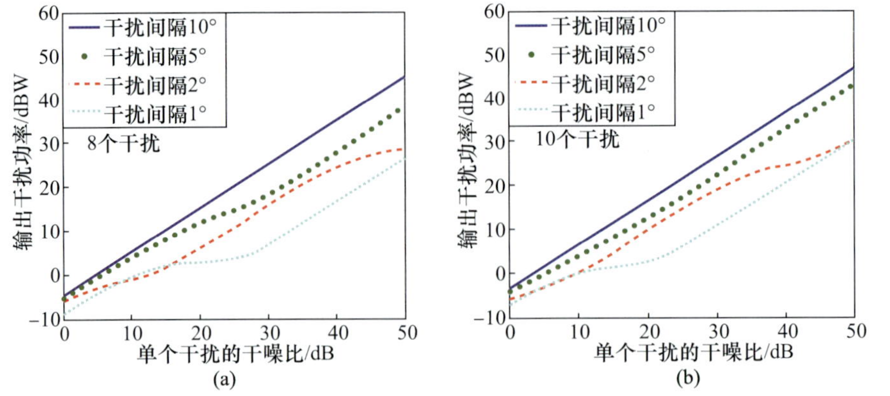

图 5.11　8 阵元自适应置零阵的输出干扰功率与干噪比的关系曲线

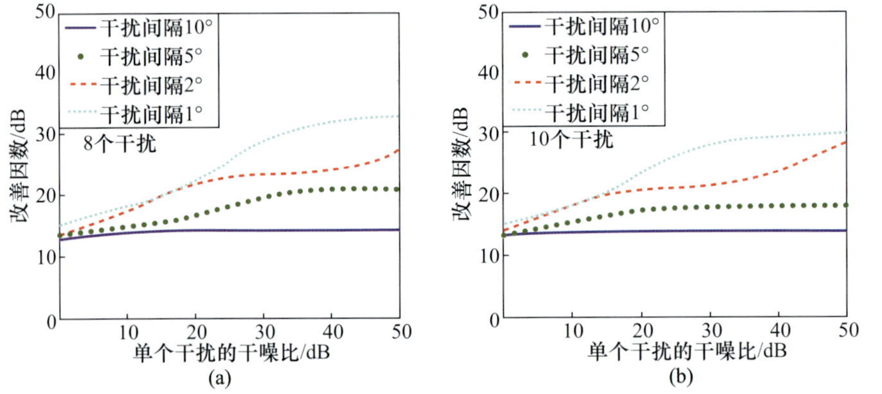

图 5.12　8 阵元自适应置零阵的改善因数与干噪比的关系曲线

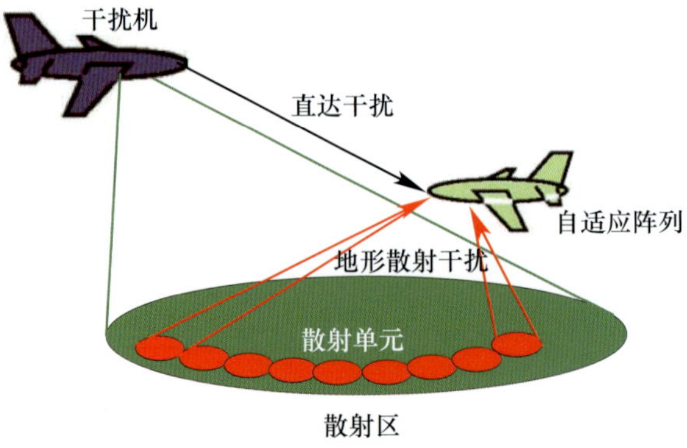

图 5.16　地形散射干扰场景示意图

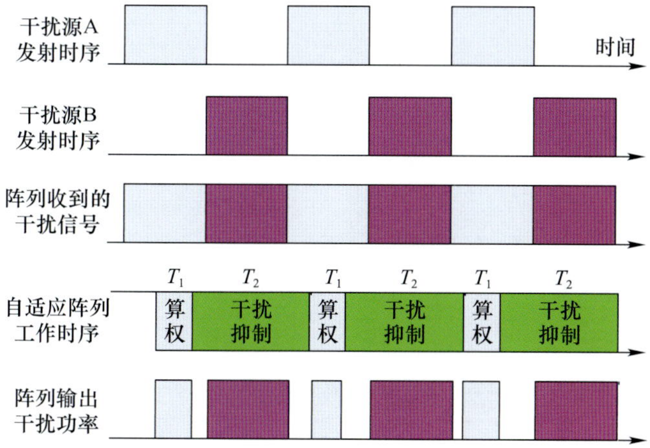

图 5.26 闪烁干扰示意图

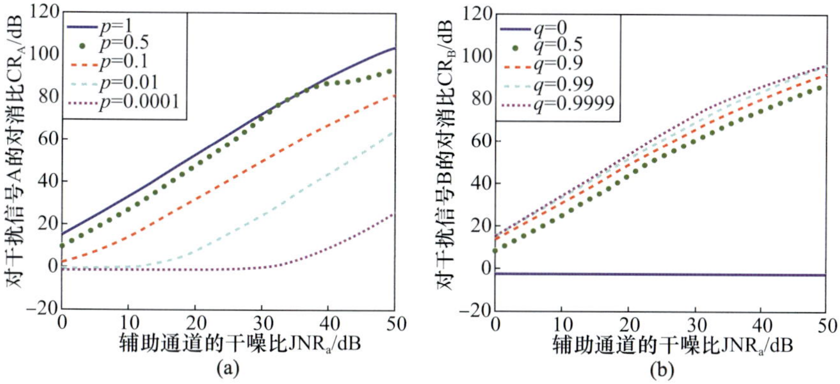

图 5.27 闪烁干扰下的旁瓣对消系统的对消比

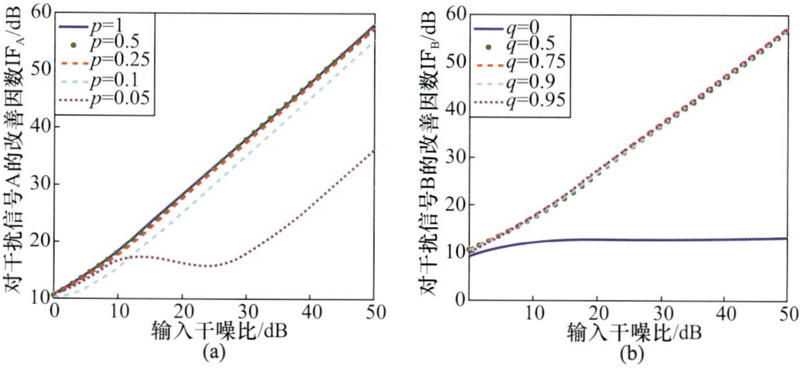

图 5.29 闪烁干扰下的改善因数

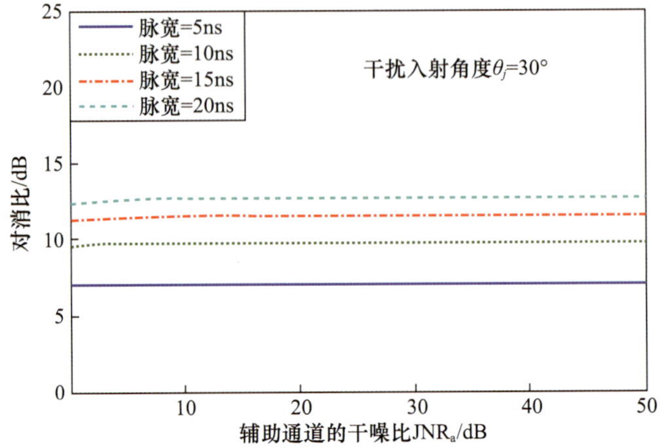

图 5.32　窄脉冲干扰下的旁瓣对消系统的对消比与干噪比的关系曲线

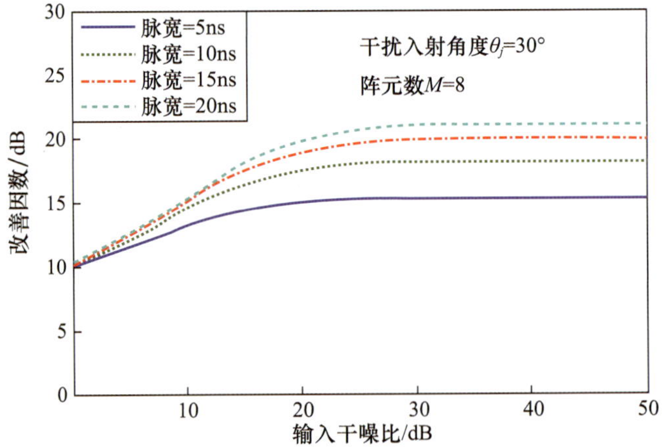

图 5.33　窄脉冲干扰下的 8 阵元自适应置零阵的改善因数与干噪比的关系曲线